CAD/CAM/CAE 工程应用丛书

ANSYS Workbench 有限元分析
从入门到精通
（2022 版）

王 菁 等编著

机 械 工 业 出 版 社

本书以 ANSYS Workbench 2022 为软件平台，详细介绍了各类有限元分析的操作过程和工程应用。本书内容丰富，涉及领域广，读者在学习软件操作的同时，也能掌握解决相关工程领域实际问题的思路与方法。

全书分为 3 篇，共 16 章，基础操作篇介绍了 ANSYS Workbench 平台的基础知识及几何建模、网格划分、后处理；基础分析篇通过案例讲解了在 ANSYS Workbench 平台中进行结构静力学分析、模态分析、谐响应分析、响应谱分析、随机振动分析、瞬态动力学分析及线性屈曲分析的方法；高级应用篇为结构有限元分析的高级应用部分，讲解在 ANSYS Workbench 平台中进行显式动力学分析、复合材料分析、疲劳分析、热学分析以及结构优化分析的方法。

本书案例丰富、讲解详尽，内容安排循序渐进、深入浅出，并配有讲解视频，扫码即可观看。本书主要面向软件初学者，也可作为理工科院校 ANSYS 相关课程的教学用书及相关工程技术人员的参考用书。

图书在版编目（CIP）数据

ANSYS Workbench 有限元分析从入门到精通：2022 版/王菁等编著 . —北京：机械工业出版社，2022.8（2024.5 重印）
（CAD/CAM/CAE 工程应用丛书）
ISBN 978-7-111-71401-9

Ⅰ.①A… Ⅱ.①王… Ⅲ.①有限元分析-应用软件
Ⅳ.①O241.82-39

中国版本图书馆 CIP 数据核字（2022）第 148417 号

机械工业出版社（北京市百万庄大街 22 号 邮政编码 100037）
策划编辑：赵小花 责任编辑：赵小花
责任校对：秦洪喜 责任印制：单爱军
北京虎彩文化传播有限公司印刷
2024 年 5 月第 1 版第 4 次印刷
184mm×260mm · 18.75 印张 · 510 千字
标准书号：ISBN 978-7-111-71401-9
定价：99.00 元

电话服务　　　　　　　　网络服务
客服电话：010-88361066　机　工　官　网：www.cmpbook.com
　　　　　010-88379833　机　工　官　博：weibo.com/cmp1952
　　　　　010-68326294　金　书　网：www.golden-book.com
封底无防伪标均为盗版　　机工教育服务网：www.cmpedu.com

前　　言

ANSYS Workbench 具有强大的结构、流体、热、电磁及其耦合分析功能，除此之外，从 2022 版本开始，在 ANSYS Workbench 平台中对分析界面均提供中文分析环境。

作为业界主要的工程仿真技术集成平台之一，ANSYS Workbench 提供了便捷的项目视图功能，将整个仿真流程更加紧密地组合在一起，通过简单的拖拽操作即可完成复杂的多物理场分析流程及多物理场的优化分析功能。

1. 本书特点

由浅入深，循序渐进：本书首先从有限元基本原理及 ANSYS Workbench 操作基础讲起，然后以 ANSYS Workbench 工程应用案例帮助读者尽快掌握使用 ANSYS Workbench 进行有限元分析的方法。

步骤详尽、内容新颖：本书将作者多年的 ANSYS Workbench 使用经验与实际工程应用案例相结合，在讲解过程中步骤详尽、内容新颖，并辅以相应的图片，使读者在阅读时一目了然，从而快速掌握书中所讲内容。

实例典型、轻松易学：学习分析案例的具体操作是掌握 ANSYS Workbench 最好的方式。本书通过综合应用案例，透彻详尽地讲解了 ANSYS Workbench 在各方面的应用。

2. 本书内容

本书在必要的理论概述基础上，通过大量的典型案例对 ANSYS Workbench 分析平台中的各个模块进行了详细介绍，并结合实际工程与生活中的常见问题进行详细讲解，全书内容简洁明快，给人耳目一新的感觉。

本书分 3 篇 16 章，主要介绍 ANSYS Workbench 平台的基础知识及在各个领域的有限元分析操作过程。

基础操作篇介绍了 ANSYS Workbench 平台基础知识及几何建模、网格划分、后处理方法。本篇包括以下 4 章内容。

第 1 章　初识 ANSYS Workbench　　　　第 2 章　几何建模
第 3 章　网格划分　　　　　　　　　　　第 4 章　后处理
基础分析篇，具体如下。
第 5 章　结构静力学分析　　　　　　　　第 6 章　模态分析
第 7 章　谐响应分析　　　　　　　　　　第 8 章　响应谱分析
第 9 章　随机振动分析　　　　　　　　　第 10 章　瞬态动力学分析
第 11 章　线性屈曲分析
高级应用篇，具体如下。
第 12 章　显式动力学分析　　　　　　　　第 13 章　复合材料分析
第 14 章　疲劳分析　　　　　　　　　　　第 15 章　热学分析
第 16 章　结构优化分析

3. 附赠资源

本书附赠资源主要包括案例模型与工程文件（获取方式见封底），同一案例的模型文件与工程文件放于相关章节的同目录中，以方便读者查询。

例如：第 5 章的第 2 个操作实例"实例 2——子模型静力学分析"的模型文件和工程文件放置在"网盘＼ Chapter05＼ char05-2＼"路径的文件夹下。

4. 读者对象

本书主要面向 ANSYS Workbench 初学者，也可作为理工科院校 ANSYS 相关课程的教学用书及相关工程技术人员的参考用书。

5. 读者服务

读者在学习过程中遇到与本书有关的技术问题时，可以关注"仿真技术"公众号，回复"71401"获取帮助信息。

编者在本书编写过程中力求叙述准确、完整，但由于水平有限，书中欠妥之处在所难免，希望读者和同仁能够及时指正，共同促进本书质量的提高。希望本书能为读者的学习和工作提供帮助！

目　录

基础分析篇

高级应用篇

基础操作篇

第 1 章

初识ANSYS Workbench

ANSYS Workbench 2022 是 ANSYS 公司最新推出的工程仿真技术集成平台版本，本章将介绍 Workbench 的一些基础知识，讲解如何启动 Workbench，使读者了解 Workbench 的基本操作界面。本章还会介绍如何在 Workbench 中进行项目管理及文件管理等内容。

学习目标

★ 掌握 Workbench 的启动。

★ 认识 Workbench 的操作界面。

★ 掌握 Workbench 项目与文件的管理方法。

扫码看视频

1.1 操作界面

从本节开始介绍 ANSYS Workbench 2022 的基本操作。下面首先介绍启动方式，然后介绍 Workbench 的基本操作界面。

1.1.1 ANSYS Workbench 软件启动

ANSYS 安装完成后，启动 ANSYS Workbench 的方式如下。

• 从 Windows 的"开始"菜单启动：执行 Windows 系统下的"开始"→"所有程序"→ANSYS 2022→Workbench 2022 命令，如图 1-1 所示，即可启动 ANSYS Workbench。

• ANSYS Workbench 启动时会自动弹出图 1-2 所示的欢迎界面。

图 1-1　启动 ANSYS Workbench

图 1-2　ANSYS Workbench 欢迎界面

1.1.2 ANSYS Workbench 主界面

启动 ANSYS Workbench，并创建分析项目，此时的主界面如图 1-3 所示，它主要由菜单栏、工具栏、工具箱、项目原理图组成。菜单栏及工具栏与其他的 Windows 软件类似，这里不再赘述，下面着重介绍工具箱及项目原理图两部分功能。

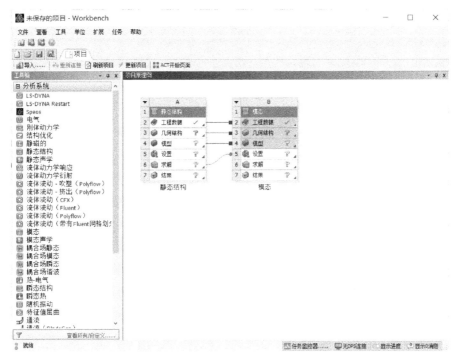

图 1-3 ANSYS Workbench 主界面

1. 工具箱

工具箱主要由图 1-4 所示的 4 个部分组成，这 4 个部分分别应用于不同的场合，具体介绍如下。

图 1-4 工具箱的组成

- 分析系统：主要应用在示意图中预定义的模板内。
- 组件系统：主要用于可存取多种不同应用程序的建立和不同分析系统的扩展。
- 定制系统：用于耦合分析系统（FSI、Thermal-Stress 等）的预定义。在使用过程中，根据需要可以建立自己的预定义系统。
- 设计探索：主要用于参数的管理和优化。

提示：工具箱中显示的分析系统内容取决于所安装的 ANSYS 产品，根据工作需要调整工具箱下方的"查看所有/自定义"所含选项即可调整工具箱显示的内容。

在菜单栏单击"查看"→"工具箱自定义"时，会弹出图 1-5 所示的"工具箱自定义"对话框，通过选择不同的分析系统，可以调整工具箱的显示内容。

2. 项目原理图

项目原理图是用来进行 Workbench 的分析项目管理的，它通过图形来体现一个或多个系统所需要的工作流程。项目通常按照从左到右、从上到下的模式进行管理。

当需要进行某一项目的分析时，通过在工具箱的相关项目上双击或直接按住鼠标左键拖动到项目管理图中即可生成一个项目。如图 1-6 所示，在工具箱中选择"静态结构"后，项目原理图即可建立静态结构分析项目。

图 1-5 "工具箱自定义"对话框

图 1-6 创建分析项目

知识点拨：

在项目管理图中可以建立多个分析项目，每个项目均是以字母编排的（A、B、C 等），同时各项目之间也可建立相应的关联分析，例如对同一模型创建不同的分析项目，这些项目即可共用同一模型。

右击 A3"几何结构"，在弹出的快捷菜单中选择"从'新建'传输数据"或"将数据传输到'新建'"命令，即可通过转换功能创建新的分析系统，如图 1-7 所示。

图 1-7 通过转换功能创建分析系统

在进行项目分析的过程中，会出现不同的图标来提示读者进行相应的操作，各图标的含义见表 1-1。

表 1-1　项目分析过程中的图标含义

图　　标	含　　义
💀	执行中断：上行数据丢失，分析无法进行
💀	需要注意：可能需要修改本单元或上行单元
🔁	需要刷新：上行数据发生改变，需要刷新单元（更新也会刷新单元）
⚡	需要更新：数据改变时单元的输出也要相应更新
✓	更新完成：数据已经更新，将进行下一单元的操作
✓	输入变动：单元是局部最新的，但上行数据发生变化时也可能导致其发生改变

1.2　项目管理

在上面的讲解中简单介绍了分析项目的创建方法，下面介绍项目的删除、复制、关联等操作，以及项目管理操作案例。

1.2.1　复制及删除项目

将光标移动到相关项目的第 1 栏（A1）并右击，在弹出的快捷菜单中选择"复制"命令，即可复制项目，如图 1-8 所示。例如，在图 1-9 中 B 项目就是由 A 项目复制而来的。

图 1-8　项目快捷菜单　　　　　　图 1-9　复制项目

将光标移动到项目的第 1 栏（A1）并右击，在弹出的快捷菜单中选择"删除"命令，即可将项目删除。

1.2.2　关联项目

在 Workbench 中进行项目分析时，需要对同一模型进行不同的分析，尤其是在进行耦合分析时，项目的数据需要进行交叉操作。

为避免重复操作，Workbench 提供了关联项目的协同操作方法。创建关联项目的方法如下：在工具箱中按住鼠标左键，拖拽分析项目到项目管理图中创建项目 B，当光标移动到项目 A 的相关项时，数据可共享的项将以红色高亮显示，如图 1-10 所示；在高亮处松开鼠标，此时即可创建关联项目，如图 1-11 所示为新创建的关联项目 B，此时相关联的项呈现暗色。

图 1-10 高亮显示　　　　　　　　　图 1-11 创建关联项目

知识点拨：

　　显示暗色的项为不可操作项，关联的项只能通过其上一级项目进行相关参数设置。项目之间的连线表示数据共享，例如，图 1-11 中项目 B 与项目 A 共享 A2~A4。

1.2.3 项目管理操作案例

　　下面的实例将创建一个热分析系统（项目 A），然后创建两个与其关联的结构分析系统（项目 B 及项目 C），其中，项目 B 为没有与热分析耦合的结构分析系统，项目 C 为与热分析耦合的结构分析系统。具体操作步骤如下。

Step 01 将光标移动到工具箱中分析系统下的"稳态热"分析系统，按住鼠标左键将其拖到项目管理图中并松开鼠标，创建热分析系统（项目 A），如图 1-12 所示。

图 1-12 创建热分析系统

Step 02 在工具箱中按住鼠标左键拖拽"静态结构"到项目原理图中项目 A 的 A4 栏，如图 1-13 所示。松开鼠标即可创建结构分析系统（项目 B），如图 1-14 所示，此时的项目 B 为没有与热分析耦合的结构分析系统。

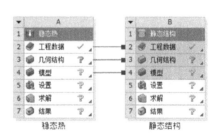

图 1-13 高亮显示（一）　　　　　　图 1-14 创建关联分析项目（一）

Step 03 在工具箱中按住鼠标左键拖拽"静态结构"到项目原理图中项目 A 的 A6 栏，如图 1-15 所示，松开鼠标即可创建结构分析系统（项目 C），如图 1-16 所示，此时的项目 C 为与热分析耦合的结构分析系统。

图 1-15　高亮显示（二）　　　　　图 1-16　创建关联分析项目（二）

图 1-16 表示项目 A、B 之间 A2 ~ A6 数据共享，同时表示项目 A 的分析数据从 A6 传递到项目 B 中。

1.2.4　设置项属性

在 Workbench 中，既可以了解设置项的属性，也可以对设置项的属性进行修改，具体方法如下：选择菜单栏的"查看"→"属性"命令，此时在 Workbench 环境下可以查看设置项的附加信息。如图 1-17 所示，选择"模型"栏后，其属性便可显示出来。

图 1-17　设置项属性

1.3　文件管理

Workbench 通过创建一个项目文件和一系列的子目录来管理所有的相关文件。这些文件目录的内容或结构不能进行人工修改，必须通过 Workbench 进行自动管理。

1.3.1　文件目录结构

当创建并保存文件后，便会生成相应的项目文件（.wbpj）以及项目文件目录，项目文件目录中会生成众多子目录，例如，保存文件名为 FirstFile，则生成的文件为 FirstFile.wbpj，文件目录为 FirstFile_files。Workbench 的文件目录结构如图 1-18 所示。

对图 1-18 的说明如下。

- dpn：该文件目录是设计点文件目录，实质上是特定分析的所有参数的状态文件，在单分析情况下只有一个 dp0 目录。
- global：该目录包含分析中各模块所包括的子目录，如 MECH 目录中包含了仿真分析的数据库以及相关分析模块的其他文件。
- SYS：包括项目中各种系统的子目录（如 Mechanical、Fluent、CFX等），每个系统的子目录都包含特定的求解文件，如 MECH 的子目录中包括结果文件、ds. dat 文件、solve. out 文件等。
- user_files：包含输入文件、用户文件等，部分文件可能与项目分析有关。

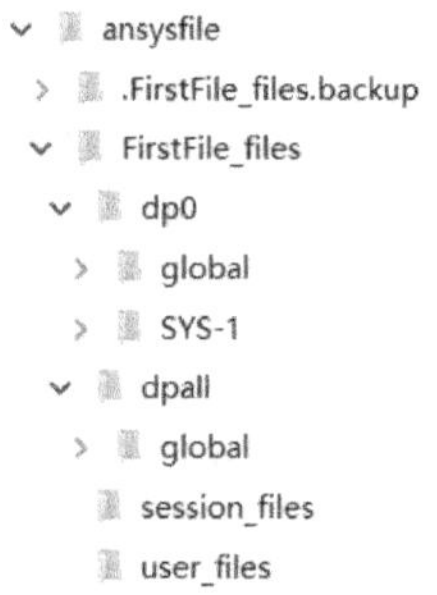

图 1-18　文件目录结构

知识点拨：

在 Workbench 中选择"查看"→"文件"命令，可以弹出一个包含文件明细与路径的文件预览窗口，如图 1-19 所示。

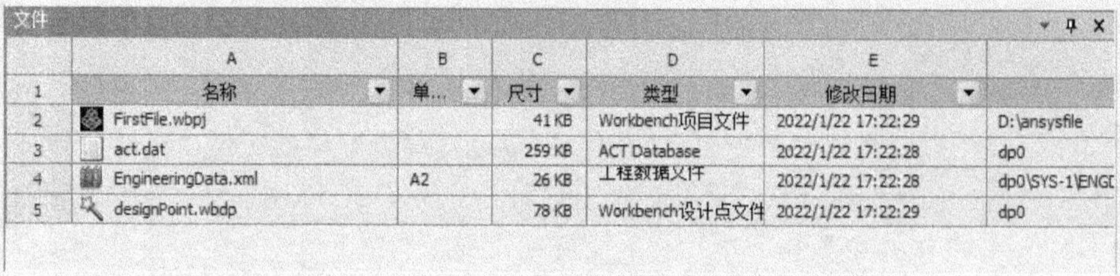

	A	B	C	D	E	
1	名称	单...	尺寸	类型	修改日期	
2	FirstFile.wbpj		41 KB	Workbench项目文件	2022/1/22 17:22:29	D:\ansysfile
3	act.dat		259 KB	ACT Database	2022/1/22 17:22:28	dp0
4	EngineeringData.xml	A2	26 KB	工程数据义件	2022/1/22 17:22:28	dp0\SYS-1\ENG
5	designPoint.wbdp		78 KB	Workbench设计点文件	2022/1/22 17:22:29	dp0

图 1-19　文件预览窗口

1.3.2　快速生成压缩文件

Workbench 中提供了一种快速生成压缩文件的命令，如图 1-20 所示，可以更有效地对 Workbench 文件进行管理。

选择菜单栏的"文件"→"存档"命令，即可实现 Workbench 当前项目所有文件的快速压缩，生成的压缩文件为 .zip 格式。

新		Ctrl+N
打开……		Ctrl+O
保存		Ctrl+S
另存为……		
导入……		
存档……		
Ansys Minerva		▶
脚本		▶
导出报告……		
1 C:\Users\Administrator\Desktop\work\work.wbpj		
退出		Ctrl+Q

图 1-20　快速生成压缩文件

1.4　本章小结

本章首先对 Workbench 进行了简要的介绍，然后对 Workbench 的启动方式、主界面等进行了较为详细的讲解，紧随其后又介绍了 Workbench 的项目管理及文件管理模式。通过本章的学习，读者可以对主界面进行全面的了解，并掌握项目的基本操作方式，然而这仅仅是掌握 Workbench 操作的第一步，后面的章节将进行更为深入的讲解。

第2章

几 何 建 模

进行有限元分析的第一步就是几何建模，几何建模的好坏直接影响到计算结果的正确性。一般在整个有限元分析的过程中，几何建模占据了非常多的时间。本章将着重讲述利用 ANSYS Workbench 自带的几何建模工具——DesignModeler 进行几何建模的方法。

学习目标 知 识 点	了 解	理 解	应 用	实 践
ANSYS Workbench 几何建模平台介绍			√	√
ANSYS Workbench 几何导入			√	√
ANSYS Workbench 草图绘制			√	√

2.1 几何建模平台

在 ANSYS Workbench 平台中，依次选择"工具箱"→"组件系统"下面的"几何结构"模块并双击，此时在右侧的项目原理图中出现几何结构单元，如图 2-1 所示。

注：在"分析系统"下面双击任意一个模块后出现的分析流程选项中也可以建立几何结构。

双击 A2"几何结构"进入图 2-2 所示的 DesignModeler 平台。如同其他 CAD 软件一样，DesignModeler 平台有以下几个关键部分：菜单栏、工具栏、"图形"窗口、"树轮廓"窗口、"详细信息视图"窗口等。在讲解几何建模之前，本章先对常用的命令及菜单进行详细介绍。

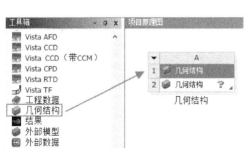

图 2-1 几何结构创建

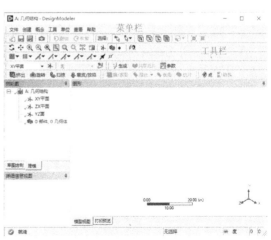

图 2-2 DesignModeler 平台

2.1.1 菜单栏

菜单栏包括文件、创建、概念、工具、单位、查看及帮助 7 个基本菜单。

1. "文件"菜单

"文件"菜单中的命令如图 2-3 所示，下面对"文件"菜单中的常用命令进行简单介绍。

1）刷新输入：当几何数据发生变化时，选择此命令以保持几何文件同步。

2）重新开始：如果当前绘图程序里面有几何模型，将提示是否清理模型并重新启动程序，单击"是"按钮，则启动一个新的建模程序，单击"否"按钮，则留在当前界面。

3）加载 DesignModeler 数据库：弹出对话框以加载 DesignModeler 建立的几何模型。

4）保存项目：选择此命令可保存工程文件，如果是新建、未保存的工程文件，Workbench 平台会提示输入文件名。

5）导出：选择"导出"命令后，DesignModeler 平台会弹出图 2-4 所示的"另存为"对话框，在对话框的"保存类型"下拉列表框中，可以选择几何数据类型。

图 2-3 "文件"菜单

图 2-4 "另存为"对话框

6）附加到活动 CAD 几何结构：选择此命令后，DesignModeler 平台会将当前活动的 CAD 软件中的几何模型数据读入其"图形"窗口中。

7）导入外部几何结构文件：选择此命令，在弹出的图 2-5 所示"打开"对话框中可以选择所要读取的文件名，此外，DesignModeler 平台支持的所有外部文件格式在"打开"对话框的"文件类型"下拉列表框中列出。

8）导入曲轴几何结构：导入 *.txt 格式的轴类几何文件，文件中的内容以梁单元形式给出。例如，图 2-6 所示的 shaft.txt 文档中，第一列为转子的分段序号，第二列为每段转子的轴向长度，第三列为转子的外直径，第四列为转子的内直径。通过"导入曲轴几何结构"命令将 shaft.txt 导入后，模型显示效果如图 2-6 所示。

9）"写入脚本：活动面草图"：选择此命令后弹出"保存脚本文件名"对话框，默认格式为 *.js（JavaScript），另外还可以选择 *.anf（ANSYS Neural File）格式。

10）运行：运行已经保存的脚本文件，如果运行成功，将会读入脚本中的相关操作，如选择"运行"命令，在弹出的"打开"对话框中选择 script_ex1.js 文件，单击"打开"按钮后会把草绘图形导入 DesignModeler 平台中。

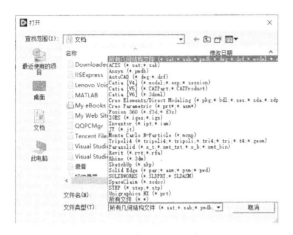

图 2-5 "打开"对话框

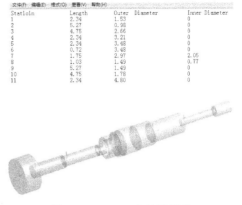

Stationin	Length	Outer Diameter	Inner Diameter
1	2.34	1.53	0
2	5.27	0.98	0
3	4.75	2.66	0
4	2.34	3.21	0
5	2.34	3.48	0
6	0.72	3.48	0
7	1.75	2.97	2.05
8	1.03	1.49	0.77
9	5.27	1.49	0
10	4.75	1.78	0
11	2.34	4.80	0

图 2-6 shaft.txt 和转子模型

注：执行多次"运行"命令，平台将会把每一次的运行结果都导入几何结构中，执行"运行"命令时需要注意这一点。

其余命令这里不再赘述，请读者参考帮助文档的相关内容。

2. "创建"菜单

"创建"菜单如图 2-7 所示，"创建"菜单中包含一系列实体操作命令，包括实体拉伸、倒角、放样等。下面对"创建"菜单中的实体操作命令进行简单介绍。

1）新平面：选择此命令后，会在"详细信息视图"窗口中出现图 2-8 所示的平面设置面板，包含 8 种平面类型。

图 2-7 "创建"菜单

图 2-8 平面设置面板

- 从平面：从已有的平面中创建新平面。
- 从面：从已有的表面中创建新平面。
- 从质心：从一个已有几何的中心创建新平面。
- 从圆/椭圆：从已有的圆形或者椭圆形创建新平面。
- 从点和边：从已经存在的一条边和一个不在这条边上的点创建新平面。
- 从点和法线：从一个已经存在的点和一条边界方向的法线创建新平面。
- 从三点：从已经存在的 3 个点创建一个新平面。

● 从坐标：通过设置与坐标系的相对位置来创建新平面。

当选择以上任何一种方式来建立新平面时，"类型"下面的选项都会有所变化。

2）**挤出**：如图 2-9 所示，本命令可以将二维的平面图形拉伸成三维的立体图形。

在"操作"下拉列表框中可以选择两种操作方式。

● 添加材料：与常规的 CAD 拉伸方式相同，这里不再赘述。

● 添加冻结：添加冻结零件，后面会提到。

在"方向"下拉列表框中有 4 种拉伸方式可以选择。

● 法向：默认的拉伸方式。

● 相反方向：此拉伸方式与"法向"相反。

● 双-对称：沿着两个方向同时拉伸指定的深度。

● 双-非对称：沿着两个方向同时拉伸指定的拉伸深度，但是两侧的拉伸深度不相同，需要在下面的选项中设定。

在"按照薄/表面？"选项中选择是否为薄壳拉伸，如果选择"是"，则需要分别输入薄壳的内壁和外壁厚度。

图 2-9 挤出设置面板

3）**旋转**：选择此命令后，将出现图 2-10 所示的旋转操作面板。

● 在几何结构中选择需要做旋转操作的二维平面几何图形。

● 在旋转轴中选择二维几何图形旋转所需要的轴线。

● "操作""按照薄/表面？"等选项参考"挤出"命令相关内容。

● 在"方向"栏输入旋转角度。

4）**扫掠**：选择此命令后，弹出图 2-11 所示的扫掠设置面板。

图 2-10 旋转设置面板

图 2-11 扫掠设置面板

● 在"轮廓"中选择二维几何图形作为要扫掠的对象。

● 在"路径"中选择直线或者曲线来确定二维几何图形扫掠的路径。

● 在"对齐"中选择按路径切线或者总体坐标轴两种方式。

● 在"FD4，比例（>0）"中输入比例因子来定义扫掠比例。

● 在"扭曲规范"中选择扭曲的方式，包括无扭曲、圈数及螺距 3 种选项。

- 无扭曲：扫掠图形是沿着扫掠路径的。

- 圈数：在扫掠过程中设置二维几何图形围绕扫掠路径旋转的圈数。如果扫掠的路径是闭合环路，则圈数必须是整数；如果扫掠路径是开路，则圈数可以是任意数值。

- 螺距：在扫掠过程中设置扫掠的螺距大小。

5）**蒙皮/放样**：选择此命令后，弹出图 2-12 所示的蒙皮/放样设置面板。

在"轮廓选择方法"栏可以用"选择所有文件"或者"选择单独文件"两种方式来选择二维几何图形。选择完成后，会在"轮廓"栏出现所选择的所有轮廓几何图形名称。

6) **薄/表面**：选择此命令后，弹出图 2-13 所示的薄/表面设置面板。

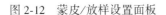

图 2-12　蒙皮/放样设置面板　　　　　图 2-13　薄/表面设置面板

在"选择类型"栏可以选择以下 3 种方式。

- 待保留面：选择此选项后，对保留面进行薄/表面处理。
- 待去除面：选择此选项后，对选中面进行去除操作。
- 仅几何体：选择此选项后，对选中的实体进行抽空处理。

在"方向"栏可以通过以下 3 种方式对薄/表面进行操作。

- 内部：对实体进行壁面向内部处理。
- 外部：对实体进行壁面向外部处理。
- 中间平面：对实体进行中间壁面处理。

7) **固定半径混合**：选择此命令，弹出图 2-14 所示的固定半径圆角设置面板。在"FD1，半径（>0）"栏输入圆角的半径。

8) **变量半径混合**：选择此命令，弹出图 2-15 所示的变量半径圆角设置面板。

图 2-14　固定半径圆角设置面板　　　　图 2-15　变量半径圆角设置面板

- 在"过渡"栏可以选择平滑和线性两种方式。
- 在"边"栏选择要倒圆角的棱边。
- 在"FD1，Sigma 半径（>=0）"栏输入初始半径大小。
- 在"FD2，终点半径（>=0）"栏输入尾部半径大小。

9) **倒角**：选择此命令会弹出图 2-16 所示的倒角设置面板。

在"类型"栏有以下 3 种数值输入方式。

- 左-右：选择此选项后，在下面的文本框中输入两侧的长度。
- 左-角：选择此选项后，在下面的文本框中输入左侧长度和一个角度。
- 右-角：选择此选项后，在下面的文本框中输入右侧长度和一个角度。

图 2-16　倒角设置面板

10) **模式**：选择此命令会弹出图 2-17 所示的模式设置面板。

在"方向图类型"栏可以选择以下 3 种阵列样式。

- 线性的：选择此选项后，阵列的方式为沿着某一方向阵列，需要选择要阵列的方向及偏移距离和阵列数量。
- 圆形的：选择此选项后，阵列的方式为沿着某根轴线阵列一圈，需要选择轴线及偏移距离和阵列数量。
- 矩形：选择此选项后，阵列方式为沿着两条相互垂直的边或者轴线阵列，需要选择两个阵列方向及偏移距离和阵列数量。

图 2-17　模式设置面板

11）**几何体操作**：选择此命令后，弹出图 2-18 所示的几何体操作设置面板。

在"类型"栏有以下几种几何体操作样式。

- 镜像：对选中的几何体进行镜像操作，选择此命令后，需要在"几何体"栏选择要镜像的几何体，在"镜像面"栏选择一个平面，如 XY 平面等。
- 移动：对选中的几何体进行移动操作。
- 删除：对选中的几何体进行删除操作。
- 缩放：对选中的实体进行等比例放大或者缩小操作。
- 缝补：对有缺陷的几何体进行补片复原后，再利用"缝补"命令对复原部位进行实体化操作。

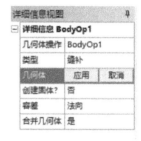

图 2-18　几何体操作设置面板

- 简化：对选中的材料进行简化操作。
- 切材料：对选中的几何体进行去除材料操作。
- 表面印记：对选中的几何体进行表面印记操作。
- 材料切片：需要在一个完全冻结的几何体上执行操作，对选中的材料进行切片操作。
- 清除体：对选中的实体进行清除操作。
- 转化成 NURBS 曲线：对选中的实体进行实体转化操作。

12）**Boolean**：选择此命令后会弹出图 2-19 所示的布尔运算设置面板。

在"操作"栏有以下 4 种操作选项。

- 并集：将多个实体合并到一起，形成一个实体，此操作需要在"工具几何体"栏选中所有需要进行合并的实体。
- 差集：用一个实体从另一个实体中去除材料。
- 交集：将两个实体的相交部分取出来，其余的部分被删除。
- 表面印记：生成一个实体与另一个实体相交处的面；需要在"目标几何体"和"工具几何体"栏分别选择两个实体。

图 2-19　布尔运算设置面板

13）**切片**：用来划分映射网格的可扫掠几何体。当模型完全由冻结体组成时，本命令才可用。选择此命令会弹出图 2-20 所示的切片设置面板。

在"切割类型"栏有以下几种方式对实体进行切片操作。

- 按平面切割：利用已有的平面对实体进行切片操作，平面必须经过实体。在"基准平面"栏选择平面。
- 用表面偏移平面切片：在模型上选中某些面，这些面会耦合形成一定的曲面，本命令将切开这些面。
- 按表面切割：利用已有的曲面对实体进行切片操作，在"目标面"栏选择曲面。
- 用边做切片：选择切分边，用切分出的边创建分离体。

图 2-20　切片设置面板

- 用封闭棱边切片：在实体模型上选择一条封闭的棱边来创建切片。

14）**删除**：包含删除体、删除面和删除线 3 个子选项。选择"删除面"命令会弹出图 2-21 所示的删除面设置面板。

在"修复方法"栏有以下几种方式来实现删除面的操作。

- 自动：选择要去除的面，即可将面删除。
- 自然修复：对几何体进行自动复原处理。
- 修补修复：对几何体进行修补处理。
- 无修复：不进行任何修复处理。

图 2-21　删除面设置面板

15）**原语**：通过此命令可以创建一些简单的基本几何体，如球体、箱体、圆柱体及金字塔等。

- 球体：选择"球体"命令后在下面的"详细信息视图"中出现图 2-22 所示的球体设置面板，在面板中设置球心 3 个方向的坐标值、球的半径，如果是空心球，还需要设置球的厚度等。
- 箱体：选择"箱体"命令后在下面的"详细信息视图"中出现图 2-23 所示的箱体设置面板，可以设置第一点坐标值、对角线在 3 个方向的坐标值（或者第二点坐标值）及是否创建为薄壁零件等参数。

图 2-22　球体设置面板

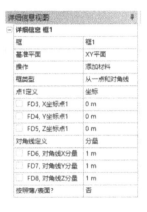

图 2-23　箱体设置面板

- 平行六面体：如图 2-24 所示，通过输入原点坐标和 3 个方向的坐标来建立平行六面体。
- 圆柱体：如图 2-25 所示，通过输入原点坐标、轴向坐标及半径来建立圆柱体。

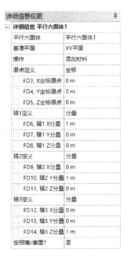

图 2-24　平行六面体设置

图 2-25　圆柱体设置面板

3. 其他菜单

图 2-26 所示为"概念"菜单，"概念"菜单中包含对线、体和面进行操作的一系列命令，包括线体的生成与面的生成等。

图 2-27 所示为"工具"菜单，"工具"菜单中包含对线、体和面进行操作的一系列命令，包括冻结、解冻、命名的选择、属性、外壳和填充等。

图 2-26　"概念"菜单

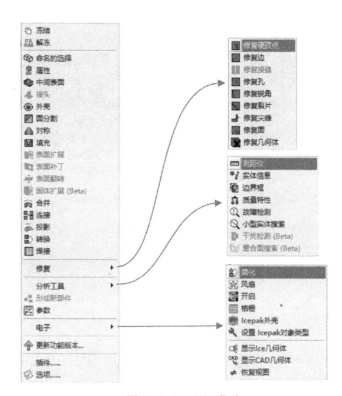

图 2-27　"工具"菜单

下面对一些常用的"工具"菜单命令进行简单介绍。

1）冻结：DesignModeler 平台会默认将新建立的几何体和已有的几何体合并起来保持单个几何体，如果想将新建立的几何体与已有的几何体分开，则需要将已有的几何体进行冻结处理。

冻结特征可以将所有的激活体切换到冻结状态，但是在建模过程中除切片操作以外，其他命令都不能用于冻结体。

2）解冻：冻结的几何体可以通过本命令解冻。

3）命名的选择：用于对几何体中的节点、边线、面、体等进行命名。

4）中间表面：用于将等厚度的薄壁类结构简化成"壳"模型。

5）外壳：本命令主要应用于流体动力学（CFD）及电磁场有限元分析（EMAG）等计算的前处理，通过"外壳"命令可以创建物体的外部流场或者绕组的电场或磁场计算域模型。

6）填充：与"外壳"命令相似，主要为几何体创建内部计算域，如管道中的流场等。

"单位"菜单用于设置模型使用的单位，如毫米。

图 2-28 所示为"查看"菜单，主要对几何体显示状态进行操作，这里不再赘述。

图 2-29 所示为"帮助"菜单，提供了在线帮助等功能。

图 2-28 "查看"菜单

图 2-29 "帮助"菜单

2.1.2 工具栏

图 2-30 所示为 DesignModeler 平台默认显示的工具命令，这些命令在菜单栏均可找到，下面对建模过程中经常用到的命令进行介绍。

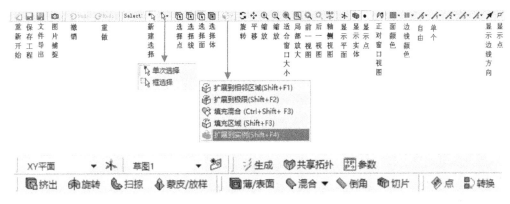

图 2-30 工具栏

以三键鼠标为例，鼠标左键实现基本控制，包括几何的选择和拖动，也能与键盘部分按键结合使用以实现不同操作。

- 〈Ctrl〉+鼠标左键：添加/移除选定几何实体。
- 〈Shift〉+鼠标中键：执行放大/缩小几何实体的操作。
- 〈Ctrl〉+鼠标中键：执行几何体平移操作。

按住鼠标右键框选几何实体，弹出的快捷菜单如图 2-31 所示。

1. 选择过滤器

在建模过程中，经常需要选择实体的某个面、某个边或者某个点，则可以在工具栏相应的过滤器中进行选择切换。如图 2-32 所示，如果想选择齿轮上某个齿的面，则首先单击工具栏中的 按钮使其处于凹陷状态，然后选择所关心的面即可。

图 2-31 快捷菜单

如果需要对多个面进行选择，如图 2-33 所示，则需要单击工具栏中的 ![按钮] 按钮，在弹出的菜单中选择 ![框选] 命令，然后单击 ![按钮] 按钮，在绘图区域中框选所关心的面即可。

线或者点的框选与面类似，这里不再赘述。

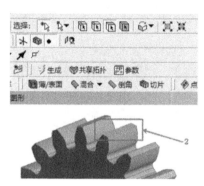

图 2-32　面选择设置

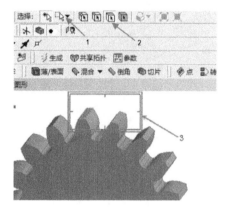

图 2-33　面框选过滤器

2. 窗口控制

DesignModeler 平台的工具栏中有各种控制窗口的快捷按钮，通过单击不同按钮可实现图形控制，如图 2-34 所示。

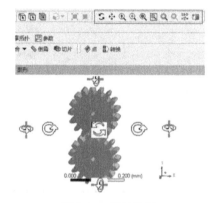

- ![按钮] 按钮用来实现几何旋转操作。
- ![按钮] 按钮用来实现几何平移操作。
- ![按钮] 按钮用来实现图形的放大、缩小操作。
- ![按钮] 按钮用来实现窗口的缩放操作。
- ![按钮] 按钮用来实现自动匹配窗口大小操作。

利用鼠标还能直接在图形区域控制图形，当光标位于图形的中心区域时相当于 ![按钮] 操作，位于图形之外时为

图 2-34　窗口控制

绕 Z 轴旋转，位于"图形"窗口的上下边界附近时为绕 X 轴旋转，位于"图形"窗口的左右边界附近时为绕 Y 轴旋转。

2.1.3　"树轮廓"窗口

图 2-35 所示的"树轮廓"窗口中包括两个选项卡：建模和草图绘制，后续章节中的"模型树"即指该窗口中的树结构。下面对"草图绘制"选项卡中的命令进行详细介绍。

"草图绘制"选项卡主要由以下几个部分组成。

1）绘制：包括二维草绘需要的所有工具，如线、圆、矩形、椭圆形等，如图 2-36 所示。

2）修改：包括二维草绘修改需要的所有工具，如圆角、倒角、修剪、扩展、分割等，操作方法与其他 CAD 软件一样，如图 2-37 所示。

3）维度：包括二维图形尺寸标注需要的所有工具，如通用、水平的、顶点（垂直标注）、长度/距离、半径、直径、角度等，如图 2-38 所示。

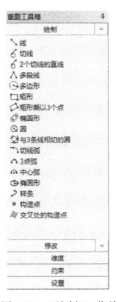

图 2-35　"树轮廓"窗口　　　　图 2-36　"绘制"菜单　　　图 2-37　"修改"菜单

4）约束：包括二维图形约束需要的所有工具，如固定的、水平的、顶点（竖直约束）、垂直、对称、同心、等半径、等长度等，如图 2-39 所示。

5）设置：主要完成草绘界面栅格大小及移动捕捉步大小的设置，如图 2-40 所示。

图 2-38　"维度"菜单　　　　图 2-39　"约束"菜单　　　图 2-40　"设置"菜单

- 在"设置"菜单下选择"网格"命令，使"网格"按钮处于凹陷状态，同时在后面生成 在2D内显示 ☑捕捉: ☑选项，勾选"捕捉"复选框，此时"图形"窗口出现图 2-41 所示的栅格。
- 在"设置"菜单下选择"主网格（即栅格）间距"命令，使"主网格间距"按钮处于凹陷状态，同时在后面生成 10 mm ，在此文本框中输入主栅格的大小，将默认值 10mm 改成 20mm 后出现图 2-42 右侧所示的栅格。

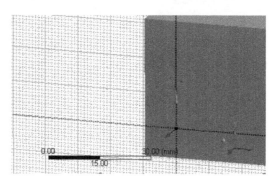

图 2-41　网格栅格

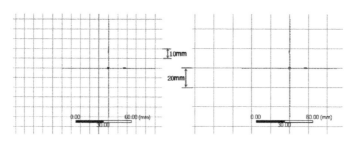

图 2-42　修改主栅格大小

- 在"设置"菜单下选择"每个主要参数的次要步骤"命令，使该按钮处于凹陷状态，同时在后面生成 10 ，在此文本框中输入每个主栅格上划分的网格数，默认为 10，将此值改成 15 后出现图 2-43 右侧所示的栅格。

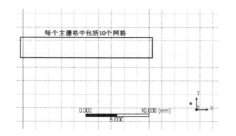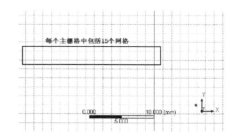

图 2-43　主栅格中小网格数量设置

本节简单介绍了 DesignModeler 平台，下一节将利用上述工具对稍复杂的几何模型进行建模。

2.2　DesignModeler 建模实例：连接板

扫码看视频

本实例将创建一个图 2-44 所示的连接板模型，在模型的建立过程中使用了拉伸、去材料创建平面、投影及冻结实体等命令。

模型文件	无
结果文件	网盘 \ Chapter02 \ char02-1 \ post. wbpj

Step 01 启动 Workbench 软件后，新创建一个项目 A，然后在项目 A 的 A2"几何结构"中

右击，选择"新的 DesignModeler 几何结构"命令，如图 2-45 所示。

Step 02 启动 DesignModeler 平台，选择"单位"菜单下面的"毫米"，确定绘图单位为 mm。

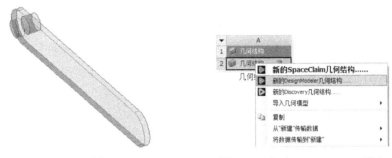

图 2-44　模型　　　　　　　　　　图 2-45　启动 DesignModeler 平台

Step 03 单击"树轮廓"窗口中的"A：几何结构"→"XY 平面"节点，如图 2-46 所示，然后单击 图标，这时草绘平面将自动旋转到正对着用户。

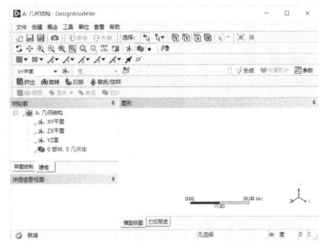

图 2-46　草绘平面

Step 04 切换到"草图绘制"选项卡后，选择"绘制"→"椭圆形"命令，在绘图区域绘制图 2-47 所示的图形，图形的中心在坐标原点上。

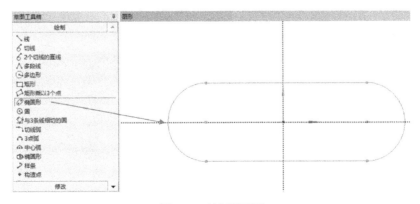

图 2-47　绘制椭圆形

Step 05 选择"维度"→"通用"命令，标注图形尺寸，在"详细信息视图"窗口中的"维度：3"中做如下输入：H2 栏输入 100mm，R3 栏输入 15mm，L1 栏输入 200mm，如图 2-48 所示。

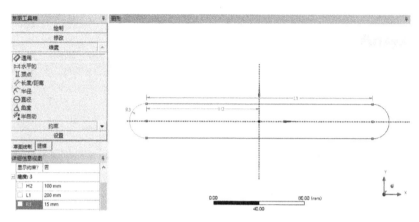

图 2-48　尺寸标注

Step 06 切换到"建模"选项卡，在工具栏单击 [图]挤出 按钮，如图 2-49 所示，在下面出现的"详细信息视图"窗口中做如下设置：在"几何结构"栏确保"草图 2"被选中，在"FD1，深度（>0）"栏输入 10mm，并单击 [生成] 按钮确定拉伸。

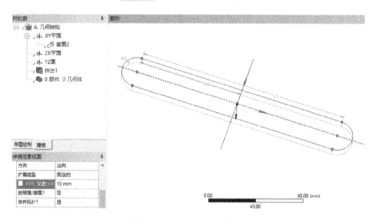

图 2-49　"挤出"设置

Step 07 单击工具栏的 [图] 按钮关闭草绘平面，如图 2-50所示。

Step 08 开始创建圆柱。在工具栏单击[图]按钮，接着单击图 2-51 所示的平面，使其处于高亮状态。然后单击工具栏的[图]按钮，使高亮平面正对屏幕。

Step 09 切换到"草图绘制"选项卡后，选择"绘制"→"圆"命令，在绘图区域绘制图 2-52 所示的圆，然后对圆进行标注。在 D2 栏输入 15mm，在 L1 栏输入 15mm。

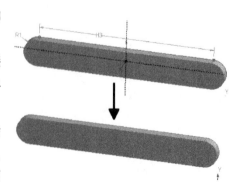

图 2-50　关闭草绘平面

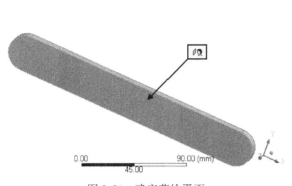

图 2-51 确定草绘平面

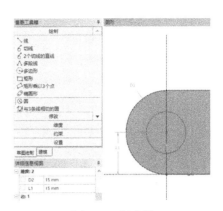

图 2-52 创建圆

Step 10 单击工具栏的 图 挤出 按钮，如图 2-53 所示，在"详细信息视图"窗口中做如下设置。

- 在"几何结构"栏确保"草图 3"被选中。
- 在"操作"栏选择"添加材料"选项。
- 在"扩展类型"栏选择"固定的"选项。
- 在"FD1，深度（>0）"栏输入 10mm。
- 选择高亮面，此时 Target Faces（目标面）栏会显示数字 1，表明已有一个面被选中，其余选项保留默认设置即可，单击工具栏的 生成 按钮，完成圆柱的创建。

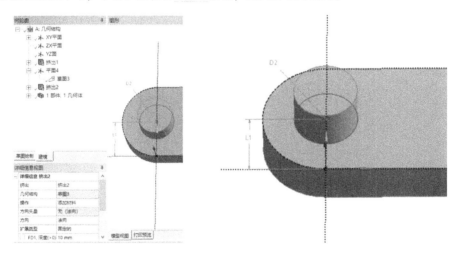

图 2-53 创建圆柱

Step 11 创建平面。单击工具栏的 ✳ 按钮，在图 2-54 所示的"详细信息视图"窗口中做如下设置。

- 在"类型"栏选择"从质心"选项。
- 在"基实体"栏确保实体被选中。
- 其余选项保持默认设置即可，单击工具栏的 生成 按钮生成平面。

Step 12 实体投影。右击"平面 6"，在图 2-55 所示的快捷菜单中依次选择"插入"→"草图投影"命令。

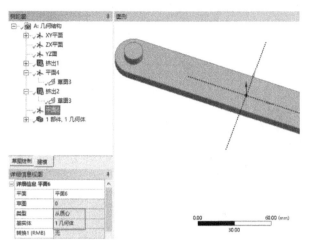

图 2-54 创建平面

Step 13 在弹出的"详细信息视图"窗口中，在"几何结构"栏确保一侧的圆柱面被选中，单击 生成 按钮，此时在"平面 6"平面上创建了一个投影草绘，图 2-56 所示。

图 2-55 快捷菜单

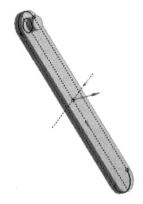

图 2-56 投影草绘

Step 14 切割实体。单击工具栏的 挤出 按钮，在图 2-57 所示的"详细信息视图"窗口中做如下设置。

- 在"几何结构"栏确保"草图 6"被选中。
- 在"操作"栏选择"切割材料"选项。
- 在"方向"栏选择"已反转"选项。
- 在"扩展类型"栏选择"从头到尾"选项。
- 其余选项保留默认设置即可，然后单击工具栏的 生成 按钮，生成切割实体。

Step 15 冻结实体。选择"树轮廓"中"1 部件，1 几何体"下面的"固体"，然后在菜单栏中依次选择"工具"→"冻结"命令，如图 2-58 所示。此时几何实体变成透明状，如图 2-59 所示。

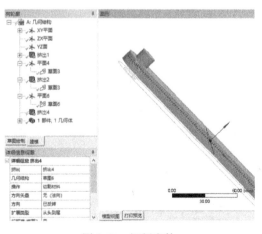

图 2-57 切割实体

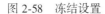

图 2-58 冻结设置　　　　　　　　　　　　　　图 2-59 冻结后的模型

Step 16 单击工具栏的"保存"按钮，在弹出的"保存"对话框中输入 post。欲关闭 DesignModeler 平台，单击右上角的"关闭"按钮即可。

DesignModeler 平台除了能对几何体进行建模外，还能对多个几何体进行装配操作。由于篇幅限制，本实例简单介绍了 DesignModeler 平台几何建模的基本方法，对于复杂几何，读者可以通过这些基本方法的组合来实现建模，或者采用其他软件建模后进行导入。

2.3 SpaceClaim 建模实例：踏板

扫码看视频

前面介绍的是 DesignModeler 建模，本节通过实例介绍 SpaceClaim 的建模方法。本实例将创建一个图 2-60 所示的几何模型，在模型的建立过程中除了使用简单的拉伸和去材料命令外，还将对沿曲线进行扫描进行简单介绍。

模型文件	无
结果文件	网盘 \ Chapter02 \ char02-2 \ pedestor. wbpj

Step 01 启动 Workbench 软件后，新创建一个项目 A。然后在项目 A 的 A2"几何结构"中右击，选择"新的 SpaceClaim 几何结构"命令，如图 2-61 所示。

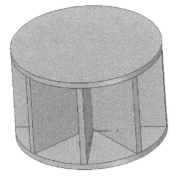

图 2-60 几何模型

图 2-61 快捷菜单

Step 02 启动 SpaceClaim 平台，如图 2-62 所示。

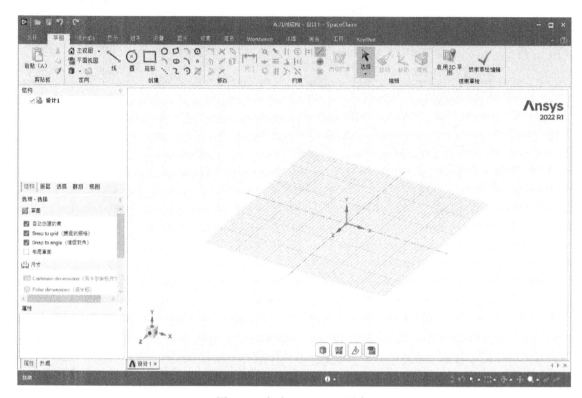

图 2-62　启动 SpaceClaim 平台

Step 03 在"设计"选项卡中单击 平面图 图标，将绘图平面切换到平行于屏幕，如图 2-63 所示。

Step 04 在"设计"选项卡中单击 图标，在坐标原点绘制一个半径为 500mm 的圆，如图 2-64 所示。

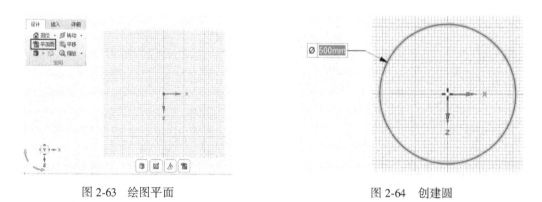

图 2-63　绘图平面　　　　　　　　　　　图 2-64　创建圆

Step 05 在"设计"选项卡中单击 图标，此时圆变成了圆面，如图 2-65 所示。

Step 06 用鼠标左键按住圆面中的任何一个位置不放，然后往上推动鼠标，此时圆面将被拉伸成实体，如图 2-66 所示。

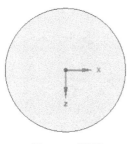

图 2-65　圆面

图 2-66　拉伸圆面

Step 07 在自动弹出的文本框中输入拉伸厚度为 20mm，如图 2-67 所示，此时完成了圆盘的创建。

Step 08 在"设计"选项卡中单击 ◎ 图标，在坐标原点绘制一个点，如图 2-68 所示。

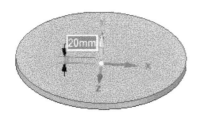

图 2-67　生成圆盘

图 2-68　创建点

Step 09 选择"设计"选项卡中的"拉伸"命令，然后用鼠标左键按住刚才创建的点不放，并滑动鼠标，如图 2-69 所示，此时将从点创建一条直线，输入拉伸长度为 300mm。

Step 10 用鼠标左键按住刚创建的直线不放，滑动鼠标，并在拉伸长度中输入 250mm，如图 2-70所示。

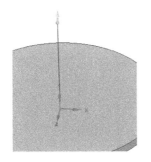

图 2-69　点拉伸成线

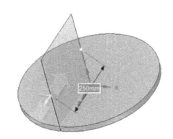

图 2-70　线拉伸成面

Step 11 选择"设计"选项卡中的"拉伸"命令，然后用鼠标左键按住刚才创建的面不放，并选中左侧工具栏的 ⚔ 按钮进行双面拉伸，滑动鼠标并输入厚度为 20mm，如图 2-71 所示。

Step 12 单击工具栏的 ▦ 拆分主体按钮，然后先选中几何实体，再选择图 2-72 所示的圆板上表面进行几何分割，由分割面将几何变成两个实体。

Step 13 单击"设计"选项卡中的 ∷ 按钮，然后选中上面的薄板实体，在左侧面板中输入"圆计数"为 8，"角度"为 360°，坐标轴为底盘的轴线，如图 2-73 所示。

Step 14 单击绘图窗口中的✅按钮，完成几何阵列，如图 2-74 所示。

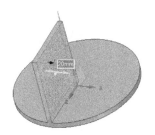

图 2-71 面拉伸成体

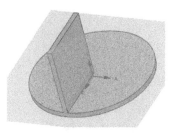

图 2-72 几何分割

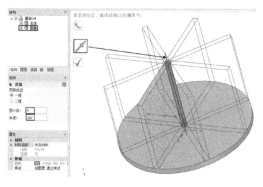

图 2-73 阵列设置

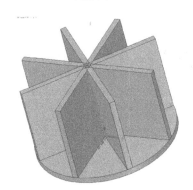

图 2-74 完成几何阵列

Step 15 选中底部圆盘几何，单击"设计"选项卡中的按钮，然后按住〈Ctrl〉键不放，沿着 Y 坐标轴滑动鼠标，如图 2-75 所示，此时底盘几何被复制出一份。

注意：如果不按住鼠标，则几何将直接移动到当前位置。

Step 16 输入移动高度为 300mm，如图 2-76 所示。

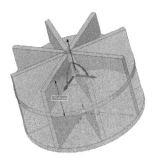

图 2-75 复制移动

图 2-76 复制完成

Step 17 单击工具栏的"保存"按钮，在弹出的"保存"对话框中输入 pedestor。欲关闭 SpaceClaim 平台，单击右上角的"关闭"按钮即可。

2.4 本章小结

本章介绍了有限元分析中的第一个关键过程——几何建模，主要讲解了 Workbench 几何建模平台 DesignModeler 的建模方法，另外，通过一个应用实例讲解了 SpaceClaim 平台的操作方法。

第3章

网 格 划 分

在有限元分析中只有网格的节点和单元参与计算，求解开始后，网格划分平台会自动生成默认的网格，用户可以使用默认网格，并检查网格是否满足要求。如果自动生成的网格不能满足工程计算的需要，则要人工划分网格。

网格的结构和疏密程度直接影响到计算结果的精度，但是网格加密会增加CPU计算时间，且需要更大的存储空间。理想情况下，用户需要的是结果不再随网格的加密而改变的密度，即当网格细化后，结果没有明显改变。如果可以合理地调整收敛控制选项同样可以得到满足要求的计算结果，但是，细化网格不能弥补不准确的假设和输入所引起的错误，这一点需要读者注意。

学习目标 知识点	了 解	理 解	应 用	实 践
ANSYS Workbench 网格划分的原理		√		
ANSYS Workbench 网格质量检查方法			√	√
ANSYS Workbench 不同求解域网格划分			√	√
ANSYS Workbench 外部网格导入与导出			√	√

3.1 网格划分基础

3.1.1 网格划分适用领域

ANSYS Workbench 网格划分可以根据不同的物理场需求提供不同的网格划分方法，图 3-1 所示为网格划分物理场参照类型。

图 3-1 网格划分物理场参照类型

1）机械：为结构及热力学有限元分析提供网格划分。

2）非线性机械：为结构非线性分析提供网格划分。

3）电磁：为电磁场有限元分析提供网格划分。

4）CFD：为计算流体动力学分析提供网格划分，如 CFX 及 Fluent 求解器。

5）显式：为显示动力学分析软件提供网格划分，如 Autodyn 及 LS-DYNA 求解器。

6）流体动力学：为传统流体动力学分析提供网格划分。

3.1.2 网格划分方法

对于三维几何来说，ANSYS Workbench 有以下几种不同的网格划分方法。

1）自动网格划分。自动设置四面体或扫掠网格划分，如果几何体是可扫掠的，则自动扫掠划分，否则将使用四面体网格划分方法进行划分。同一部件的几何体具有一致的网格单元。

2）四面体网格划分。四面体网格划分方法包括补丁适形法（Workbench 自带功能）及补丁独立法（由 ICEM CFD Tetra Algorithm 软件包实现）。

① 补丁适形法。

● 默认考虑所有的面和边（在收缩控制和虚拟拓扑时会改变，且默认损伤外貌基于最小尺寸限制）。

● 适度简化 CAD（如 ANSYS CAD 模型、Parasolid、ACIS 等）。

● 在多体部件中结合扫掠方法生成四面体、棱柱和六面体混合网格。

● 有高级尺寸功能。

● 表面网格→体网格。

② 补丁独立法（基于 ICEM CFD 软件）。

● 对于 CAD 模型有长边的面，短边对面的修补起作用。

● 内置基于网格技术的简化模型。

● 体网格→表面网格。

● 可能会忽略面及其边界，若在面上施加了边界条件，便不能忽略。

● 有两种定义方法：最大网格尺寸用于控制初始单元划分的大小；每个部件大约的单元数量用于控制模型中期望的单元数目（可以被其他网格划分控制条件覆盖）。

● 当"基于网格的特征清除"设为开启时，在"特征清除尺寸"选项中设置某一数值，程序会根据大小和角度过滤掉几何边。

3）六面体主导网格划分。首先生成四边形主导的面网格，然后得到六面体，最后根据需要填充棱锥单元（也叫金字塔单元）和四面体单元。该方法适用于不可扫掠的体或内部容积大的体，对体积和表面积比较小的体则通过扫掠的方法进行网格划分，网格多是六面体单元，也可能是楔形单元。

4）扫掠法。划分网格时，先划分扫掠几何体的源面，再映射到扫掠几何体的目标面，主要产生六面体单元或棱柱形单元。

5）多区域网格划分。对几何体进行自动区域划分和网格划分。

6）笛卡尔法。通过三维笛卡尔方式划分所得的网格主要由六面体单元组成，在网格尺寸发生变化的过渡区，网格由六面体单元和其他多面体单元组成。默认情况下，采用笛卡尔网格划分法会生成一层边界层网格，根据需要可以做进一步细化处理。

7）分层四面体。用于在指定层高中生成非结构化的四面体网格。

图 3-2 所示为采用自动网格划分方法得到的网格分布。

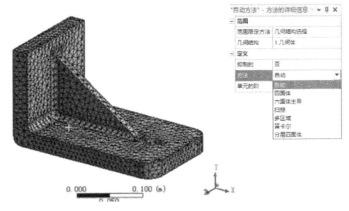

图 3-2   自动网格划分方法

图 3-3 所示为采用四面体网格划分补丁适形网格划分方法得到的网格分布。

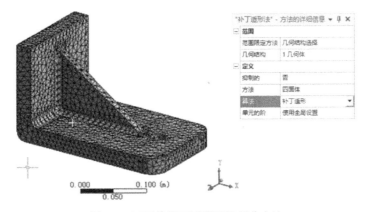

图 3-3   四面体补丁适形网格划分方法

图 3-4 所示为采用四面体补丁独立网格划分方法得到的网格分布。

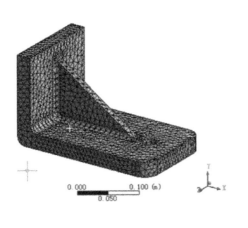

图 3-4   四面体补丁独立网格划分方法

图 3-5 所示为采用六面体主导网格划分方法得到的网格分布。

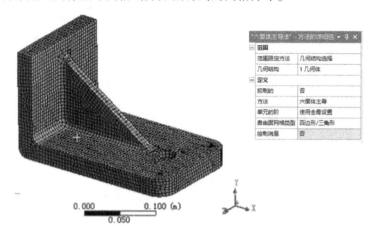

图 3-5　六面体主导网格划分方法

图 3-6 所示为采用扫掠方法划分的网格模型。

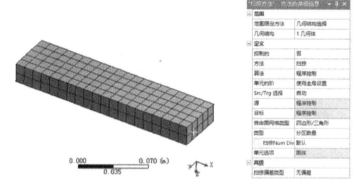

图 3-6　扫掠网格划分方法

图 3-7 所示为采用多区域方法划分的网格模型。

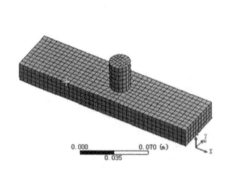

图 3-7　多区域网格划分方法

图 3-8 所示为采用笛卡尔方法划分的网格模型。

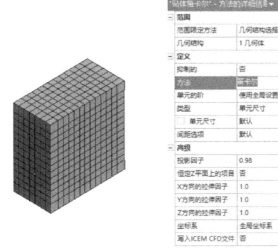

图 3-8 笛卡尔网格划分方法

3.1.3 网格默认设置

网格设置可以在"网格"节点下进行操作，单击模型树中的 网格 图标，在出现的"网格"详细信息设置面板中进行物理模型选择和相关性设置。

图 3-9~图 3-12 所示为 1mm×1mm×1mm 的立方体在默认网格设置情况下，结构计算、电磁场计算、流体动力学计算（CFD）及显式动力学分析 4 个不同物理模型的节点数和单元数。

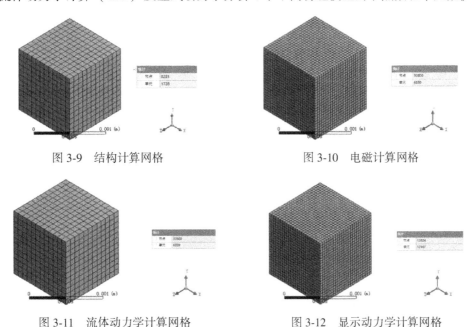

图 3-9 结构计算网格　　　　　　　　图 3-10 电磁计算网格

图 3-11 流体动力学计算网格　　　　　图 3-12 显示动力学计算网格

从中可以看出，在默认情况下，单元数量由小到大的顺序为：流体动力学分析 = 结构分析 <

显式动力学分析=电磁场分析；节点数量由小到大的顺序为：流体动力学分析<结构分析<显式动力学分析<电磁场分析。

3.1.4 网格尺寸设置

网格设置可以在"网格"节点下进行操作，单击模型树中的 网格 图标，在出现的"网格"详细信息设置面板中进行网格尺寸的相关设置，图 3-13 所示为尺寸设置面板。

1）使用自适应尺寸调整：此选项默认为"是"，单击后面的 图标并选择"否"，可以看到"使用自适应尺寸调整"状态为"否"时的选项，如图 3-14 所示。

图 3-13 尺寸设置面板   图 3-14 不使用自适应尺寸调整

2）跨度角中心：跨度角中心设定基于边的细化的曲度目标。网格在弯曲区域细分，直到单独单元跨越这个角。有以下几种选择。

- 大尺度：角度范围在 $-90° \sim 60°$ 之间。
- 中等：角度范围在 $-75° \sim 24°$ 之间。
- 精细：角度范围在 $-36° \sim 12°$ 之间。

图 3-15 和图 3-16 所示为"跨度角中心"分别设置为"大尺度"和"精细"时的网格，从中可以看出，在"跨度中心角"由"大尺度"切换到"精细"时，中心圆孔的网格得到加密，网格角度逐渐变小。

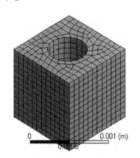

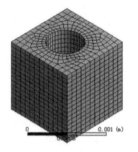

图 3-15 "跨度角中心"为"大尺度"   图 3-16 "跨度角中心"为"精细"

3）初始尺寸种子：此选项用来控制每一个部件的初始网格种子，此时已定义单元尺寸会被忽略。在"初始尺寸种子"栏有两个选项可供选择，即"装配体"及"零件"。

- 装配体：基于这个设置，初始网格种子放入未抑制的装配部件，网格可以改变。默认为此选项，无须更改。
- 零件：由于抑制部件网格不改变，所以基于这个设置，初始网格种子在网格划分时可放入个别特殊部件。

3.1.5 网格膨胀层设置

膨胀层也称为边界层，主要是为考虑流体流动时的边界求解，提高计算精度。单击模型树中的  网格图标，在出现的"网格"详细信息设置面板中可进行网格膨胀层的相关设置，如图 3-17 所示。

1) 使用自动膨胀：有 3 个可选项。

- 不使用自动膨胀（无）：程序默认选项，即不需要人工控制程序而自动进行膨胀层参数控制。
- 程序控制膨胀：通过设置总厚度、第一层厚度、平滑过渡等来控制膨胀层生成的方法。
- 选定的命名选择中的所有面：通过选取被命名的面来生成膨胀层。

图 3-17 膨胀层相关设置

2) 膨胀选项：对二维分析和四面体网格划分的默认设置为"平滑过渡"，除此之外还有以下几种选项。

- 总厚度：可用层数和增长率来控制，还需要输入网格最大厚度值。
- 第一层厚度：需要输入第一层网格的厚度值、最大层数和增长率。第一层指最外层。
- 第一个网格的宽高比：程序默认的宽高比为 5，用户可以修改宽高比。
- 最后一个网格的宽高比：需要输入第一层网格的纵横比、最大层数和增长率。

3) 过渡比：程序默认值为 0.272，用户可以根据需要对其进行更改，过渡比影响每层的厚度。

4) 最大层数：程序默认的最大层数为 5，用户可以根据需要对其进行更改。

5) 增长率：相邻两层网格中内层与外层的厚度比例，默认值为 1.2。

6) 膨胀算法：包括"前"（前处理，基于 Tgrid 算法）和"后"（后处理，基于 ICEM CFD 算法）两种。

- 前处理：基于 Tgrid 算法，所有物理模型的默认设置。
- 后处理：基于 ICEM CFD 算法，使用一种在四面体网格生成后起作用的后处理技术，只对补丁适形和补丁独立四面体网格有效。

7) 查看高级选项：当此选项为"是"时，膨胀设置会增加图 3-18 所示的选项。

图 3-18 膨胀层高级选项

3.1.6 网格统计

单击模型树中的  网格图标，在出现的"网格"详细信息设置面板中，"统计"选项如图 3-19 所示，可统计节点数和单元数。

图 3-19 "统计"选项

3.1.7　网格高级选项

单击模型树中的 网格 图标，在出现的"网格"详细信息设置面板中的"高级"选项组进行网格高级选项的相关设置，图 3-20 所示为高级选项设置面板。

高级	
用于并行部件网格剖分的CPU数量	程序控制
直边单元	否
刚体行为	尺寸减小
三角形表面网格剖分器	程序控制
拓扑检查	是
收缩容差	请定义
刷新时生成缩放	否

图 3-20　高级选项设置面板

1）用于并行部件网格剖分的 CPU 数量：默认为"程序控制"，也可以根据实际需要设置 CPU 的个数。

2）三角形表面网格剖分器：包括"程序控制"和"前沿"，默认为"程序控制"。

3）收缩容差：网格生成时会产生缺陷，收缩容差定义了收缩控制，用户自己定义网格收缩容差控制值。收缩只能对顶点和边起作用，对面和体是无效的。

以下网格划分方法支持收缩特性。
- 补丁适形四面体。
- 薄实体扫掠。
- 六面体控制划分。
- 四边形控制表面网格划分。
- 所有三角形表面划分。

3.1.8　网格质量评估

单击模型树中的 网格 图标，在出现的"网格"详细信息设置面板的"质量"选项组中进行网格质量评估的相关设置，图 3-21 所示为质量设置面板。

1）检查网格质量：包括"是，错误"、"是，错误和警告"和"否"，默认为"是，错误"，表示检查且报告错误。

2）网格度量标准：默认为"无"，用户可以从中选择相应的网格质量检查工具。

对网格度量标准简要介绍如下。

（1）单元质量

选择"单元质量"选项后，会出现图 3-22 所示的"网格度量标准"窗口，窗口内显示网格划分质量图表，其中，横坐标由 0 到 1，网格质量由坏到好，衡量准则为网格的边长比；纵坐标显示的是网格数量；Tet10、Wed15 分别表示 10 节点四面体单元和 15 节点棱柱单元，图形中显示了这两种单元的数量。网格质量图表中的值越接近于 1，说明网格质量越好。

图 3-21　质量设置面板

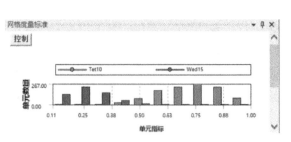

图 3-22　网格质量图表

单击图表中的"控制"按钮，此时弹出图 3-23 所示的单元质量图表控制，可以进行图表 X 轴、Y 轴等的设置。

（2）纵横比

选择此项后，会出现图 3-24 所示的纵横比图表。

图 3-23　单元质量图表控制

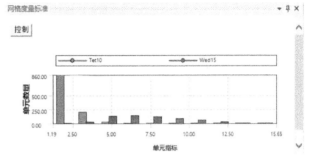

图 3-24　纵横比图表

对于三角形网格来说，如图 3-25 所示，从三角形的一个顶点引出对边的中线，另外两边中点相连，构成线段 KR 和 ST；分别做两个矩形：以中线 ST 为平行线，分别过点 R、K 构造矩形的两条对边，另外两条对边分别过点 S、T；以中线 RK 为平行线，分别过点 S、T 构造矩形的两条对边，另两条对边分别过点 R、K。

对另外两个顶点也按上面步骤绘制矩形，最终共 6 个矩形。找出各矩形长边与短边之比并

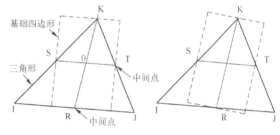

图 3-25　三角形判断法则

除以 $\sqrt{3}$，数值最大者即为该三角形的网格纵横比值。当网格纵横比 = 1 时，三角形 IJK 为等边三角形，此时说明划分的网格质量最好。

对于四边形网格来说，如图 3-26 所示，如果单元不在一个平面上，各个节点将被投影到节点坐标平均值所在的平面上；画出两条矩形对边中点的连线，相交于一点 O；以交点 O 为中心，分别过 4 个中点构造两个矩形；找出两个矩形长边和短边之比的最大值，即为四边形的网格纵横比值。当网格纵横比 = 1 时，四边形 IJKL 为正方形，说明划分的网格质量最好。

（3）雅可比比率

雅可比比率适用性较广，一般用于处理带有中间节点的单元，选择此项后，会出现图 3-27 所示的雅可比比率图表。

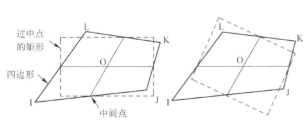

图 3-26　四边形判断法则

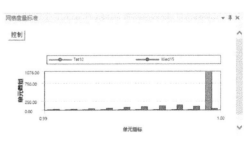

图 3-27　雅可比比率图表

计算单元内各样本点雅可比矩阵的行列式值 R_j，雅可比比率就是样本点中行列式最大值与最小值的比值，若两者正负号不同，雅可比比率将为-100，此时该单元不可接受。

对于三角形单元，如果三角形的每个中间节点都在三角形边的中点上，那么这个三角形的雅可比比率为1，图 3-28 所示为雅可比比率分别为1、30、100 时的三角形网格。

对于任何一个矩形单元或平行四边形单元，无论是否含有中间节点，其雅可比比率都为1，如果沿垂直一条边的方向向内或者向外移动这条边上的中间节点，则可以增加雅可比比率，图 3-29 所示为雅可比比率分别为1、30、100 时的四边形网格。

图 3-28　三角形网格（雅可比比率=1、30、100）

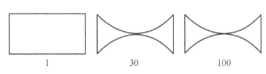

图 3-29　四边形网格（雅可比比率=1、30、100）

满足以下两个条件的四边形所生成的六面体单元雅可比比率为1。

- 所有对边都相互平行。
- 任何边上的中间节点都位于两个角点的中间位置。

图 3-30 所示四边形网格雅可比比率分别为1、30、100，可以生成雅可比为1的六面体网格。

（4）扭曲系数

用于计算或者评估四边形壳单元、含有四边形面的六面体（块）单元、楔形单元及金字塔单元等，高扭曲系数表明单元控制方程不能很好地控制单元，而需要重新划分。选择此项后，会出现图 3-31 所示的扭曲系数图表。

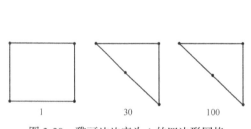

图 3-30　雅可比比率为1的四边形网格

图 3-31　扭曲系数图表

图 3-32 所示为二维四边形壳单元的扭曲系数逐渐增加的二维网格变化图形，从图中可以看出，扭曲系数由0.0增大到5.0的过程中网格扭曲程度逐渐增加。

对于三维块单元来说，分别比较6个面的扭曲系数，从中选择最大值作为单元扭曲系数，如图 3-33 所示。

（5）平行偏差

计算对边矢量的点积，通过点积中的余弦值求出最大的夹角。平行偏差为0最好，此时两对边平行。图 3-34 所示为当平行偏差值从0到170时的二维四边形单元变化。

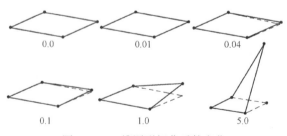

图 3-32　二维图形扭曲系数变化

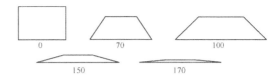

图 3-33　三维块单元扭曲系数变化　　　　　图 3-34　二维四边形单元平行偏差变化

（6）最大拐角角度

计算最大角度。对三角形而言，60°最好，为等边三角形；对四边形而言，90°最好，为矩形。选择此项后，会出现图 3-35 所示的最大拐角角度图表。

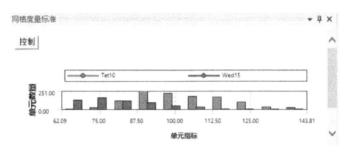

图 3-35　最大拐角角度图表

（7）偏度

网格质量检查的主要方法之一，其数值位于 0 和 1 之间，0 最好，1 最差。选择此项后，会出现图 3-36 所示的偏度图表。

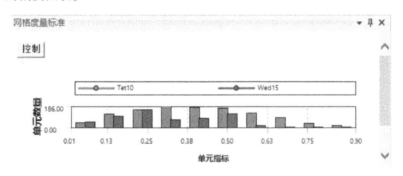

图 3-36　偏斜图表

（8）正交品质

网格质量检查的主要方法之一，其数值位于 0 和 1 之间，0 最差，1 最好。

以上简单介绍了 ANSYS Workbench 网格划分的基本方法及一些常用的网格质量评估工具，下面通过几个实例来简单介绍一下网格划分的操作步骤及常见的网格格式导入方法。

3.2　实例 1：网格尺寸控制

扫码看视频

模型文件	网盘 \ Chapter03 \ char03-1 \ PIPE_model. stp
结果文件	网盘 \ Chapter03 \ char03-1 \ PIPE_model. wbpj

图 3-37 所示为本例几何模型（含流体模型），本实例主要讲解网格尺寸和质量的全局控制和局部控制，包括高级尺寸功能中 Curvature 和 Proximity 的使用和 Inflation 的使用。下面对其进行网格剖分。

Step 01 在 Windows 系统下执行"开始"→"所有程序"→ANSYS 2022→Workbench 2022 命令，启动 ANSYS Workbench，进入主界面。

Step 02 双击工具箱中的"组件系统"→"网格"，即可在项目管理图中创建分析项目 A，如图 3-38 所示。

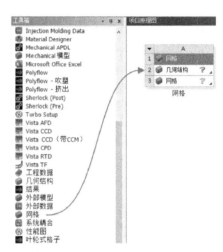

图 3-37　几何模型　　　　　　　　图 3-38　创建分析项目 A

Step 03 右击项目 A 中的 A2"几何结构"，在弹出的快捷菜单中选择"导入几何模型"→"浏览"命令，如图 3-39 所示。

Step 04 如图 3-40 所示，在弹出的"打开"对话框中选择 PIPE_model. stp 文件，然后单击"打开"按钮。

图 3-39　导入几何模型　　　　　　　图 3-40　选择文件并打开

Step 05 双击项目 A 中的 A2"几何结构"栏，此时会打开图 3-41 所示的 DesignModeler 平台。

图 3-41　几何模型显示

Step 06 填充操作。依次选择菜单栏的"工具"→"填充"命令，在弹出的图 3-42 所示"详细信息视图"窗口中进行如下操作。

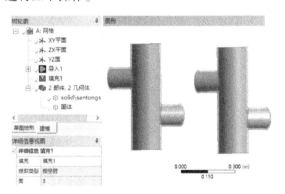

图 3-42　填充

- 在"面"栏确保模型的两个内表面全被选中。
- 单击工具栏的"生成"按钮生成实体。

Step 07 实体命名。右击模型树中的 solid \ santongshiti，在弹出的快捷菜单中选择"重新命名"命令（图 3-43），在命名区域输入名称 PIPE。

Step 08 用同样操作将另外一个实体命名为 water，命名完成后如图 3-44 所示。

图 3-43　"重新命名"命令

图 3-44　重新命名后

Step 09 单击 DesignModeler 平台右上角的 × 按钮，关闭 DesignModeler 平台。

Step 10 回到 Workbench 主窗口，如图 3-45 所示，右击 A3 栏，在弹出的快捷菜单中选择"编辑"命令。

Step 11 网格划分平台被加载，如图 3-46 所示。

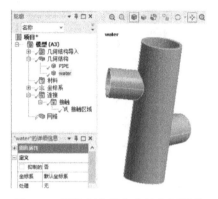

图 3-45 网格"编辑"命令   图 3-46 网格划分平台中的几何模型

Step 12 选择"几何结构"→PIPE 节点，在图 3-47 所示"'PIPE'的详细信息"面板中，将"材料"→"流体/固体"栏默认的"由复合材料定义（固体）"修改为"固体"。

Step 13 用同样操作将 water 的"材料"属性由默认的"由复合材料定义（固体）"修改为"流体"，如图 3-48 所示。

图 3-47 设为"固体"   图 3-48 设为"流体"

Step 14 右击"网格"节点，在弹出的图 3-49 所示快捷菜单中选择"插入"→"方法"命令，此时在"网格"下面会出现"自动方法"节点。

Step 15 在图 3-50 所示的详细信息面板中进行如下操作。

- 在图形区选择 PIPE 实体，单击"几何结构"栏的"应用"按钮，此时"几何结构"栏显示"1 几何体"，表示一个实体被选中。

图 3-49　插入网格划分方法

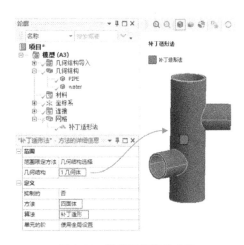

图 3-50　设置网格划分方法

- 在"定义"→"方法"栏选择"四面体"。
- 在"算法"栏选择"补丁适形"选项。

注意：当以上选项选择完毕后，"'自动方法'-方法的详细信息"会变成"'补丁适形法'-方法的详细信息"，之后的操作都会出现类似情况，不再赘述。

Step 16 右击"网格"节点，在弹出的图 3-51 所示快捷菜单中选择"插入"→"膨胀"命令，此时在"网格"下面会出现"膨胀"节点。

Step 17 右击"几何结构"→PIPE 节点，在弹出的图 3-52 所示快捷菜单中选择"隐藏几何体"命令，隐藏 PIPE 几何。

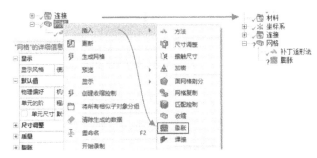

图 3-51　添加网格膨胀

图 3-52　隐藏 PIPE 几何实体

Step 18 单击"膨胀"节点，在图 3-53 所示的"膨胀"详细信息面板中做如下设置。

- 选择 water 几何实体，然后在"范围"→"几何结构"栏单击"应用"按钮。
- 选择三圆柱的外表面，然后在"定义"→"边界"栏单击"应用"按钮。
- 其余选项保留默认设置即可，完成膨胀设置。

Step 19 右击"网格"节点，此时弹出图 3-54 所示的快捷菜单，在菜单中选择"生成网格"命令。此时会弹出图 3-55 所示的网格划分进度栏，用于显示网格划分的进度。划分完成的网格如图 3-56 所示。

Step 20 如图 3-57 所示，在"网格"详细信息面板的"统计"栏可以看到节点数和单元数。

图 3-53　膨胀设置

图 3-54　生成网格

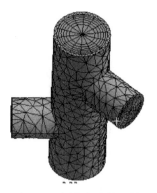

图 3-55　网格划分进度栏

图 3-56　划分完成的网格

Step 21 如图 3-58 所示，将"物理偏好"改为 CFD，其余设置不变，重新生成网格。划分完成的网格及网格统计数据如图 3-59 所示。

图 3-57　网格数量统计

图 3-58　修改"物理偏好"

Step 22 如图 3-60 所示，在图形区单击 Z 坐标，使几何正对用户，单击工具栏的 图标，接着用鼠标单击几何模型上端，然后向下拉出一条直线，在下端再单击确定。

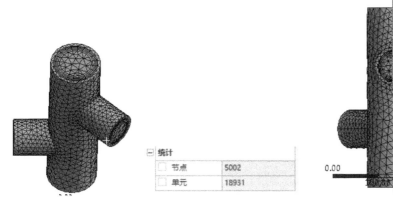

图 3-59　CFD 中的网格及数量

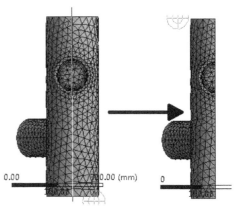

图 3-60　创建截面

Step 23 如图 3-61 所示，此时旋转网格模型可以看到截面网格。

Step 24 如图 3-62 所示，单击右下角截面平面面板中的 图标，此时可以显示截面的完整网格。

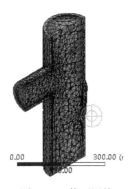

图 3-61　截面网格

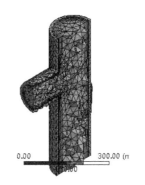

图 3-62　截面完整网格显示

Step 25 单击网格划分平台的"关闭"按钮。

Step 26 返回 Workbench 平台，单击工具栏的"将项目另存为"按钮，在弹出来的"另存为"对话框中输入名称 PIPE_model，单击"保存"按钮保存即可。

扫码看视频

3.3　实例 2：扫掠网格划分

模型文件	网盘 \ Chapter03 \ char03-2 \ PIPE_SWEEP. STEP
结果文件	网盘 \ Chapter03 \ char03-2 \ PIPE_SWEEP. wbpj

图 3-63 所示为钢管模型，本实例主要讲解如何通过扫掠网格的映射面来划分网格。

Step 01 启动 ANSYS Workbench，进入主界面。

Step 02 双击主界面工具箱中的"组件系统"→"网格"选项，即可在项目原理图中创建分析项目 A，如图 3-64 所示。

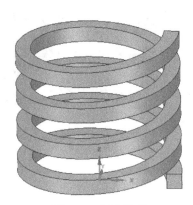

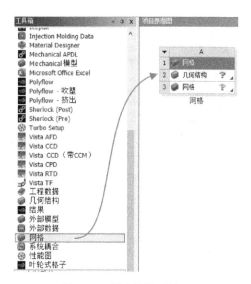

图 3-63　钢管模型　　　　　　　　　　　　图 3-64　创建分析项目 A

Step 03 右击项目 A 中的 A2 "几何结构"，在弹出的快捷菜单中选择 "导入几何模型" →
"浏览" 命令，如图 3-65 所示。

Step 04 如图 3-66 所示，在弹出的 "打开" 对话框中进行如下选择。

图 3-65　导入几何模型　　　　　　　　　　图 3-66　选择文件

- 在 "文件类型" 栏选择 "STEP 文件" 格式。

- 选择 PIPE_SWEEP. STEP 格式文件，然后单击 "打开" 按钮。

Step 05 双击项目 A 中的 A2 "几何结构" 栏，此时会打开图 3-67 所示的 DesignModeler 平台，单击 "生成" 按钮。

Step 06 此时将生成图 3-68 所示的几何实体。

Step 07 单击 DesignModeler 平台右上角的 "关闭" 按钮，关闭 DesignModeler 平台。

Step 08 回到 Workbench 主窗口，如图 3-69 所示，右击 A3 "网格" 栏，在弹出的快捷菜单中选择 "编辑" 命令。

Step 09 网格划分平台被加载，如图 3-70 所示。

图 3-67　DesignModeler 平台

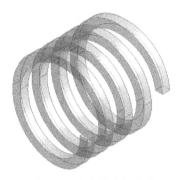

图 3-68　生成的几何实体

图 3-69　网格"编辑"命令

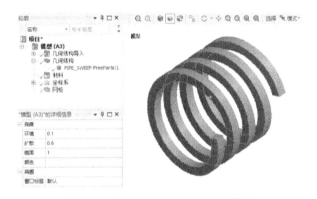

图 3-70　网格划分平台中的几何模型

Step 10 右击"网格"节点，在右键快捷菜单中选择"插入"→"方法"命令，如图 3-71 所示。此时在"网格"下面会出现"自动方法"节点。

Step 11 在图 3-72 所示的"自动方法"详细信息面板中进行如下操作。

图 3-71　插入网格划分方法

图 3-72　设置网格划分方法

- 在绘图区选择 1 实体，然后单击"几何结构"栏的"应用"按钮确定选择，此时"几何结构"栏显示"1 几何体"，表示一个实体被选中。
- 在"定义"→"方法"栏选择"扫掠"。
- 在"Src/Trg 选择"栏选择"手动源"。
- 在"源"栏确保一个端面被选中，单击"生成"按钮生成网格。

Step 12 右击"网格"节点，此时弹出图 3-73 所示的快捷菜单，在菜单中选择"生成网格"命令。

Step 13 此时会弹出图 3-74 所示的网格划分进度栏，用于显示网格划分的进度。

图 3-73 生成网格　　　　　　　　　　图 3-74 网格划分进度栏

Step 14 划分完成的网格如图 3-75 所示。

Step 15 如图 3-76 所示，在"网格"详细信息面板的"统计"中可以看到节点数和单元数。

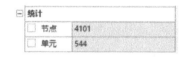

统计	
节点	4101
单元	544

图 3-75 网格模型　　　　　　　　　　图 3-76 网格数量统计

Step 16 如图 3-77 所示，将"物理偏好"改为 CFD，其余设置不变，重新划分网格。

Step 17 划分完成的网格及网格统计数据如图 3-78 所示。

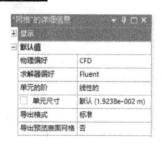

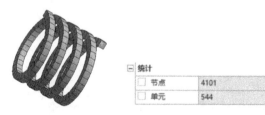

图 3-77 修改"物理偏好"　　　　　图 3-78 CFD 中的网格及数量

Step 18 单击网格划分平台上的"关闭"按钮。

Step 19 返回 Workbench 平台，单击工具栏的"将项目另存为"按钮，在弹出来的"另存为"对话框中输入名称 PIPE_SWEEP，单击"保存"按钮保存文件。

3.4 实例3：多区域网格划分

模型文件	网盘 \ Chapter03 \ char03-3 \ MULTIZONE. x_t
结果文件	网盘 \ Chapter03 \ char03-3 \ MULTIZONE. wbpj

图 3-79 所示为某三通管道模型，本实例主要讲解多区域网格划分方法的基本使用过程，对具有膨胀层的简单几何生成四面体网格，在生成网格的时候，多区域扫掠网格划分器会自动选择源面。下面对其进行网格剖分。

Step 01 启动 ANSYS Workbench，进入主界面。

Step 02 双击主界面工具箱中的"组件系统"→"网格"选项，即可在项目原理图中创建分析项目 A，如图 3-80 所示。

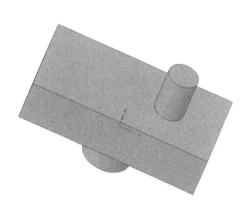

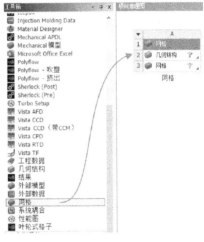

图 3-79 三通管道模型

图 3-80 创建分析项目 A

Step 03 右击项目 A 中的 A2"几何结构"，在弹出的快捷菜单中选择"导入几何模型"→"浏览"命令，如图 3-81 所示。

Step 04 如图 3-82 所示，在弹出的"打开"对话框中选择 MULTIZONE.STEP 文件，然后单击"打开"按钮。

图 3-81 导入几何模型

图 3-82 选择文件

Step 05 双击项目 A 中的 A2"几何结构"栏，此时会弹出图 3-83 所示的 DesignModeler 平台。

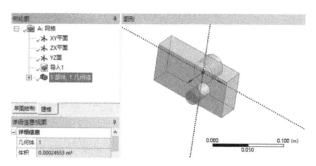

图 3-83　DesignModeler 平台

Step 06 单击 DesignModeler 平台右上角的"关闭"按钮，关闭 DesignModeler 平台。

Step 07 回到 Workbench 主窗口，如图 3-84 所示，单击 A3"网格"栏，在弹出的快捷菜单中选择"编辑"命令。

Step 08 网格划分平台被加载，如图 3-85 所示。

图 3-84　网格"编辑"命令

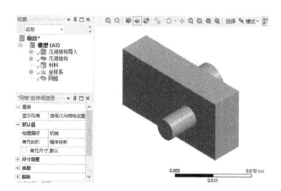

图 3-85　网格划分平台中的几何模型

Step 09 依次选择"网格"→"插入"→"方法"命令，如图 3-86 所示，此时在"网格"下面会出现"自动方法"节点。

Step 10 在"自动方法"详细信息面板中进行如下操作，结果如图 3-87 所示。

图 3-86　插入方法命令

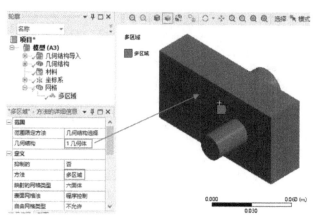

图 3-87　网格划分方法

- 在绘图区选择实体，然后单击"几何结构"栏的"应用"按钮，此时"几何结构"栏显示"1几何体"，表示一个实体被选中。

- 在"定义"→"方法"栏选择"多区域"，其余选项保持默认设置即可。

Step 11 右击"模型（A3）"→"网格"节点，弹出图 3-88 所示的快捷菜单，在菜单中选择"生成网格"命令。划分完成的网格如图 3-89 所示。

图 3-88　生成网格

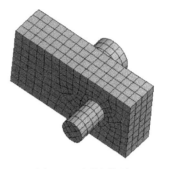

图 3-89　网格模型

Step 12 右击"模型（A3）"→"网格"→"多区域"节点，在弹出的图 3-90 所示快捷菜单中选择"删除"命令，删除"多区域"节点。

Step 13 右击"模型（A3）"→"网格"节点，在弹出的图 3-91 所示快捷菜单中选择"插入"→"膨胀"命令，此时在"网格"下面会出现"膨胀"节点。

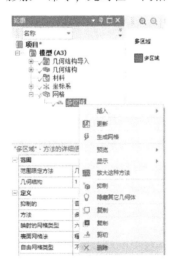

图 3-90　删除

图 3-91　网格划分方法

Step 14 单击轮廓中的"膨胀"节点，在下面出现的"膨胀"详细信息面板中做如下设置，如图 3-92 所示。

- 选择几何实体，然后在"范围"→"几何结构"栏单击"应用"按钮。

- 选择圆柱和长方体的外表面，然后在"定义"→"边界"栏单击"应用"按钮。

- 其余选项保留默认设置即可，完成膨胀层设置。

Step 15 右击"模型（A3）"→"网格"节点，此时弹出图 3-93 所示的快捷菜单，在菜单中选择"生成网格"命令。划分完成的网格如图 3-94 所示。

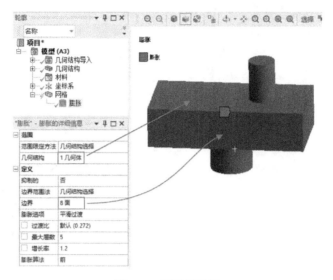

图 3-92　膨胀层设置

图 3-93　快捷菜单

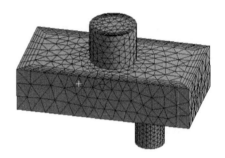

图 3-94　膨胀层网格划分

Step 16 单击网格划分平台上的"关闭"按钮，关闭网格划分平台。

Step 17 返回 Workbench 平台，单击工具栏的"将项目另存为"按钮，在弹出的"另存为"对话框中输入名称 MULTIZONE，单击"保存"按钮保存文件。

3.5　本章小结

本章详细介绍了 ANSYS Workbench 平台网格划分模块的一些相关参数设置与网格质量检测方法，并通过 3 个网格划分实例介绍了不同类型的网格划分方法及其操作过程。

第4章

后 处 理

后处理技术以其对计算数据优秀的处理能力，被众多有限元分析软件所应用，减少了对大量数据的分析过程，可读性强，理解方便。

有限元分析的最后一个关键步骤为数据的后处理，在后处理阶段，用户可以很方便地对结构的计算结果进行相关操作，以输出感兴趣的结果，如变形、应力、应变等。另外，对于一些高级用户，还可以通过简单的代码编写输出一些特殊的结果。

ANSYS Workbench 平台的后处理器功能非常强大，可以完成众多类型的后处理，本章将详细介绍 ANSYS Workbench 2022 的后处理设置与操作方法。

知 识 点　　　　　　学习目标	了　解	理　解	应　用	实　践
ANSYS Workbench 后处理的意义		√		
ANSYS Workbench 后处理工具使用方法			√	√
ANSYS Workbench 用户自定义后处理			√	√
ANSYS Workbench 后处理数据判断方法			√	√

4.1　后处理基础

Workbench 平台的后处理包括以下几部分内容：结果显示、输出结果、坐标系和方向解、结果组合、应力奇异、误差估计和收敛状况等。

4.1.1　结果显示

在 Workbench Mechanical 中，所有的计算结果都是以结果云图和矢量图的方式显示的，利用图 4-1 所示的"结果"工具栏可以改变显示比例等相关结果的显示参数。

4.1.2　变形显示

在 Workbench Mechanical 的计算结果中，可以显示模型的变形量，主要包括整体变形（总计）及定向变形（定向），如图 4-2 所示。

1）整体变形：整体变形是一个标量，它由下式决定：

$$U_{\text{tatal}} = \sqrt{U_x^2 + U_y^2 + U_z^2}$$

2）定向变形：包括 x、y 和 z 方向上的变形，它们是在方向中指定的，并显示在整体或局部坐标系中。

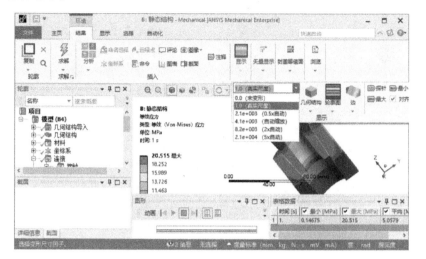

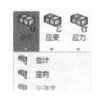

图 4-1 "结果"工具栏   图 4-2 变形分析选项

4.1.3 应力和应变

在 Workbench Mechanical 有限元分析中给出的应力和应变如图 4-3 和图 4-4 所示，这里的应变实际上指的是弹性应变。

图 4-3 应力分析选项   图 4-4 应变分析选项

在分析结果中，应力和应变有 6 个分量（x、y、z、xy、yz、xz），热应变有 3 个分量（x、y、z）。对应力和应变而言，其分量可以在法向（x、y、z）和剪切（xy、yz、xz）下指定，而热应变是在稳态热中指定的。

由于应力为一张量，因此单从应力分量上很难判断出系统的响应，在 Workbench Mechanical 中可以利用安全系数对系统响应做出判断，它主要取决于所采用的强度理论。使用每个安全系数的应力工具都可以绘制出安全边界及应力比。

4.1.4　接触结果

在 Workbench Mechanical 工具栏选择"结果"→"求解"→"工具箱"→"接触工具",如图 4-5 所示,可以得到接触分析结果。

接触工具下的接触分析可以求解相应的接触分析结果,包括摩擦应力、压力、滑动距离等计算结果,如图 4-6 所示。

图 4-5　接触分析工具　　　　　　　　　　图 4-6　接触分析选项

接触的相关内容在后面有单独介绍,这里不再赘述。

4.1.5　自定义结果显示

在 Workbench Mechanical 中,除了可以查看标准结果外,还可以根据需要插入自定义结果,包括数学表达式和多个结果的组合等。自定义结果显示有两种方式。

1)选择"求解"→"用户定义的结果",如图 4-7 所示。

2)在自定义结果显示的参数设置列表中,表达式允许使用各种数学操作符号,包括平方根、绝对值、指数等,如图 4-8 所示。

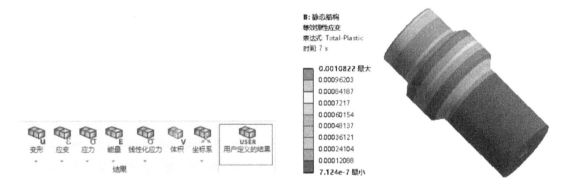

图 4-7　求解菜单　　　　　　　　　　　　图 4-8　自定义结果显示

4.2　案例：铝合金模型分析

扫码看视频

上一节介绍了后处理的常用方法及步骤,下面通过一个简单的案例讲解一下后处理的操作方法。

模型文件	网盘 \ Chapter04 \ char04-1 \ Bar. stp
结果文件	网盘 \ Chapter04 \ char04. wbpj

4.2.1 问题描述

现有图 4-9 所示铝合金模型，请用 ANSYS Workbench 分析作用在侧面的压力为 11000N 时，中间圆杆的变形及应力分布。

4.2.2 建立分析项目

Step 01 启动 ANSYS Workbench，进入主界面。

Step 02 双击主界面工具箱中的"分析系统"→"静态结构"选项，即可在项目原理图中创建分析项目 A，如图 4-10 所示。

图 4-9　铝合金模型　　　　　　　图 4-10　创建分析项目 A

4.2.3 导入几何模型

Step 01 在 A3"几何结构"上右击，在弹出的快捷菜单中选择"导入几何模型"→"浏览"命令，如图 4-11 所示。

Step 02 在弹出的"打开"对话框中选择文件路径，导入 Part. stp 几何体文件，此时 A3"几何结构"后的 ❓ 变为 ✔，表示实体模型已经存在。

Step 03 双击项目 A 中的 A3"几何结构"，此时会进入 DesignModeler 界面，选择单位为 mm，此时模型树中"导入 1"前显示 ⚡，表示需要生成，图形窗口中没有图形显示，如图 4-12 所示。

Step 04 单击"生成"按钮，即可显示生成的几何体，如图 4-13 所示，此时可在几何体上进行其他的操作。本例无须进行操作。

Step 05 单击 DesignModeler 界面右上角的"关闭"按钮，退出 DesignModeler，返回 Workbench 主界面。

图 4-11　导入几何模型

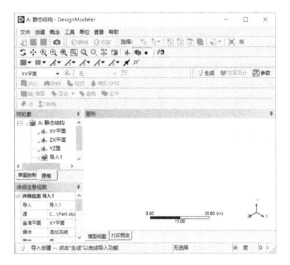

图 4-12　生成几何体前的 DesignModeler 界面

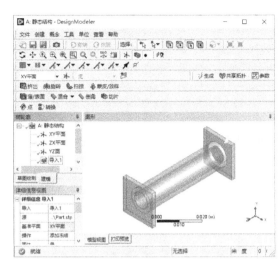

图 4-13　生成几何体后的 DesignModeler 界面

4.2.4　添加材料库

Step 01 双击项目 A 中的 A2"工程数据"项，进入图 4-14 所示的材料参数设置界面。

Step 02 在界面的空白处右击，在弹出的快捷菜单中选择"工程数据源"，此时的界面会变为图 4-15 所示。

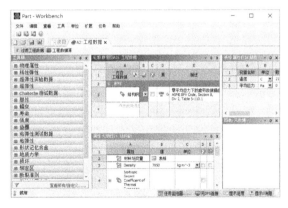

图 4-14　材料参数设置界面 1

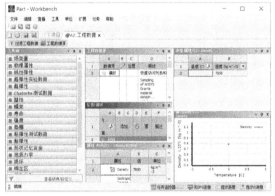

图 4-15　材料参数设置界面 2

Step 03 在"工程数据源"表中选择 A4 栏"一般材料"，然后单击"轮廓 General Materials"表中 A11 栏"铝合金"后 B11 栏的 ⊕ （添加）按钮，此时在 C11 栏会显示 ● （使用中的）标识，如图 4-16 所示，表示材料添加成功。

Step 04 同 **Step 02**，在界面的空白处右击，在弹出的快捷菜单中取消选择"工程数据源"，返回初始界面。

Step 05 根据实际工程材料的特性，在"属性 大纲行 5：铝合金"表中可以修改材料的特性，如图 4-17 所示。本实例采用的是默认值。

图 4-16　添加材料

图 4-17　材料属性窗口

　　提示：用户也可以通过在"A2：工程数据"窗口中自行创建新材料添加到模型库中，这在后面的讲解中会有涉及，本实例不介绍。

Step 06 单击工具栏的"项目"按钮，返回 Workbench 主界面，材料库添加完毕。

4.2.5　添加模型材料属性

Step 01 双击主界面项目管理图项目 A 中的 A4 栏"模型"选项，进入图 4-18 所示的"A：静态结构-Mechanical"界面，在该界面下即可进行网格划分、分析设置、结果观察等操作。

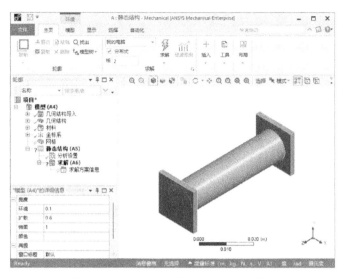

图 4-18　"A：静态结构-Mechanical"界面

提示：ANSYS Workbench 程序默认的材料为结构钢。

Step 02 选择左侧的"模型（A4）"→"几何结构"→"1"节点，此时即可在"1"的详细信息面板中给模型添加材料，如图 4-19 所示。

Step 03 单击参数列表中的"材料"→"任务"→ 按钮，此时会出现刚刚设置的材料铝合金，选择即可将其添加到模型中。如图 4-20 所示，材料已经添加成功。

图 4-19　选择材料

图 4-20　材料添加成功

4.2.6　划分网格

Step 01 选择"模型（A4）"→"网格"节点，此时可在"网格"的详细信息面板中修改网格参数。在"单元尺寸"处输入 5e-004m，其余采用默认设置，如图 4-21 所示。

Step 02 右击"模型（A4）"→"网格"节点，在弹出的快捷菜单中选择 ⚡ "生成网格"命令，最终的网格效果如图 4-22 所示。

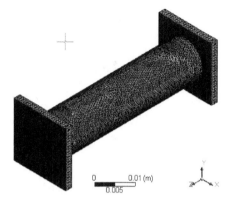

图 4-21　网格设置　　　　　　　　　　　　图 4-22　最终网格效果

4.2.7　施加载荷与约束

Step 01 选择"模型（A4）"→"静态结构（A5）"节点，此时会出现图 4-23 所示的"环境"工具栏。

Step 02 如图 4-24 所示，选择"环境"工具栏的"结构"→"固定的"命令，此时在模型树中会出现"固定支撑"节点。

图 4-23　"环境"工具栏　　　　　　　　　图 4-24　添加固定约束

Step 03 选中"固定支撑"节点，在"几何结构"处选择图 4-25 所示的施加固定约束的面，单击"应用"按钮确认。

Step 04 选择"环境"工具栏的"结构"→"力"命令，如图 4-26 所示，此时在模型树中会出现"力"节点。

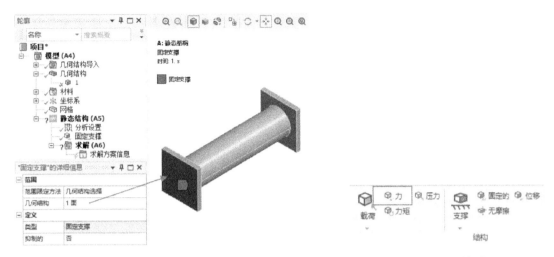

图 4-25　施加固定约束　　　　　　　　　　图 4-26　添加力

Step 05 选中"力"节点，在"力"的详细信息面板中进行如下设置及输入。

- 在"几何结构"选项中确保图 4-27 所示的面被选中并单击"应用"按钮，此时在"几何结构"栏显示"1 面"，表明一个面已经被选中。
- 在"定义依据"栏选择分量。
- 在"Y 分量"栏输入 11000N，保持其他选项默认即可。

图 4-27　添加面载荷

4.2.8　结果后处理

Step 01 选择"模型（A4）"→"求解（A6）"节点。

Step 02 如图 4-28 所示，选择"求解"工具栏的"应力"→"等效（Von-Mises）"命令，

此时在模型树中会出现"等效应力"节点。

Step 03 选择"求解"→"应变"→"等效（Von-Mises）"命令，如图 4-29 所示，此时在模型树中会出现"等效弹性应变"节点。

图 4-28　添加等效应力

图 4-29　添加等效弹性应变

Step 04 选择"求解"→"变形"→"总计"命令，如图 4-30 所示，此时在模型树中会出现"总变形"节点。

Step 05 右击"模型（A4）"→"求解（A6）"节点，在弹出的快捷菜单中选择 ⚡ "求解"命令。

Step 06 选择"模型（A4）"→"求解（A6）"→"等效应力"节点，此时会出现图 4-31 所示的应力分析云图。

Step 07 选择"模型（A4）"→"求解（A6）"→"等效弹性应变"节点，此时会出现图 4-32 所示的应变分析云图。

图 4-30　添加总变形

图 4-31　应力分析云图

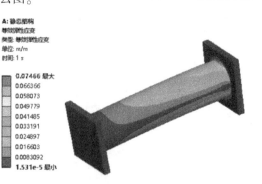

图 4-32　应变分析云图

Step 08 选择"模型（A4）"→"求解（A6）"→"总变形"节点，此时会出现图 4-33 所示的总变形分析云图。

Step 09 选择工具栏的"轮廓图"→"等值线"命令，此时分别显示应力、应变及总变形分析线图，如图 4-34～图 4-36 所示。

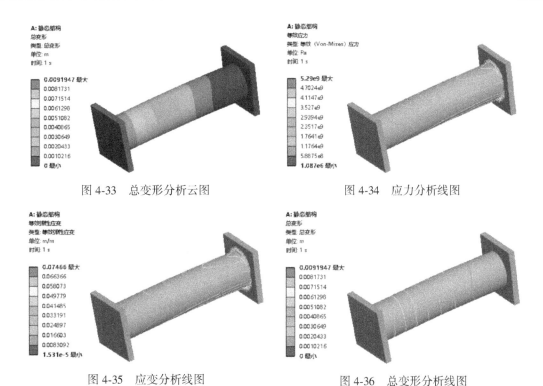

图 4-33　总变形分析云图　　　　　　　图 4-34　应力分析线图

图 4-35　应变分析线图　　　　　　　图 4-36　总变形分析线图

4.2.9　保存与退出

Step 01　单击 Mechanical 界面右上角的"关闭"按钮，退出 Mechanical，返回 Workbench 主界面。

Step 02　在 Workbench 主界面中单击"常用"工具栏的"保存"按钮，在文件名中输入 Char04，保存含有分析结果的文件。

Step 03　单击右上角的"关闭"按钮，退出 Workbench 主界面，完成项目分析。

4.3　本章小结

本章首先介绍了 Workbench 后处理工具的使用方法，然后以有限元分析的一般过程为总线，给出了一个从几何模型导入、材料设置、网格划分、载荷与约束施加，到结果后处理的完整分析实例。

基础分析篇

第 5 章

结构静力学分析

结构静力学分析是有限元分析中最简单也是最基础的分析方法，一般工程计算中最常应用的分析方法就是静力学分析。

本章首先对静力学分析的一般原理进行介绍，然后通过几个典型实例对 ANSYS Workbench 软件的结构静力学分析模块进行详细讲解，包括几何建模（外部几何数据的导入）、材料赋予、网格设置与划分、边界条件设置和后处理设置等。

知 识 点 ＼ 学习目标	了 解	理 解	应 用	实 践
外部数据导入	√			√
ANSYS Workbench 支持的几何数据格式		√	√	√
ANSYS Workbench 材料定义		√	√	√
ANSYS Workbench 材料赋予			√	√
ANSYS Workbench 边界条件设置			√	√
ANSYS Workbench 后处理的设置			√	√

5.1 静力学分析简介

静力学分析是最基本但又应用最广的分析类型，用于线弹性材料的静态加载情况。

线性分析有两方面的含义，首先就是材料为线性，应力应变关系为线性，变形是可恢复的，还有就是结构发生的是小位移、小应变、小转动，结构刚度不因变形而变化。

线性分析除了有线性静力学分析外，还包括线性动力学分析，而线性动力学分析又包括以下几种典型的分析：模态分析、谐响应分析、随机振动分析、响应谱分析、瞬态动力学分析及线性屈曲分析。

与线性分析相对应的就是非线性分析，非线性分析主要分析的是大变形等。ANSYS Workbench 平台可以很容易地完成以上任何一种分析及任意几种分析类型的联合计算。

5.1.1 线性静力学分析

所谓静力就是结构受到静态荷载的作用，惯性和阻尼可以忽略。在静态载荷作用下，结构处于静力平衡状态，此时必须充分约束，由于不考虑惯性，故质量对结构没有影响。但是很多情况下，如果载荷周期远远大于结构自振周期（即缓慢加载），则结构的惯性效应能够忽略，这种情况可以简化为线性静力学分析来进行。

ANSYS Workbench 的线性静力学分析可以将多种载荷组合到一起进行分析，即可以进行多工况的力学分析。

5.1.2 线性静力学分析流程

静力学分析流程如图 5-1 所示，每行右侧都有一个提示符，如对号（√）、问号（?）等，图 5-2 所示为在分析过程中遇到的各种提示符号及解释。

A
1 静态结构
2 工程数据
3 几何结构
4 模型
5 设置
6 求解
7 结果
静态结构

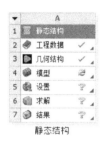

图 5-1 静力学分析流程

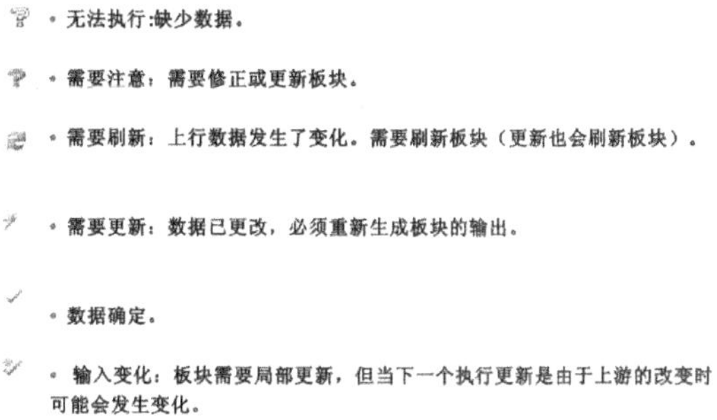

• 无法执行:缺少数据。
• 需要注意：需要修正或更新板块。
• 需要刷新：上行数据发生了变化。需要刷新板块（更新也会刷新板块）。
• 需要更新：数据已更改，必须重新生成板块的输出。
• 数据确定。
• 输入变化：板块需要局部更新，但当下一个执行更新是由于上游的改变时可能会发生变化。

图 5-2 提示符含义

5.1.3 线性静力学分析基础

由经典力学理论可知，物体的动力学通用方程为

$$\boldsymbol{M}\boldsymbol{x}''+\boldsymbol{C}\boldsymbol{x}'+\boldsymbol{K}\boldsymbol{x}=\boldsymbol{F}(t)$$

式中，$\boldsymbol{M}$ 是质量矩阵；$\boldsymbol{C}$ 是阻尼矩阵；$\boldsymbol{K}$ 是刚度矩阵；$\boldsymbol{x}$ 是位移矢量；$\boldsymbol{F}(t)$ 是力矢量；$\boldsymbol{x}'$ 是速度矢量；$\boldsymbol{x}''$ 是加速度矢量。

而现行结构分析中，与时间 t 相关的量都将被忽略，于是上式简化为

$$\boldsymbol{K}\boldsymbol{x}=\boldsymbol{F}$$

下面通过几个简单的实例介绍一下静力学分析的方法和步骤。

扫码看视频

5.2 实例 1：实体静力学分析

模型文件	网盘 \ Chapter05 \ char05-1 \ Bar. stp
结果文件	网盘 \ Chapter05 \ char05-1 \ SolidStaticStructure. wbpj

5.2.1 问题描述

现有如图 5-3 所示的铝合金模型，请用 ANSYS Workbench 分析作用在上端面的压力为 11000N 时圆杆的变形及应力分布。

5.2.2 建立分析项目

Step 01 启动 ANSYS Workbench，进入主界面。

Step 02 双击主界面工具箱中的"分析系统"→"静态结构"选项，即可在项目原理图中创建分析项目 A，如图 5-4 所示。

图 5-3　铝合金模型

图 5-4　创建分析项目 A

5.2.3　导入几何模型

Step 01 在 A3"几何结构"上右击，在弹出的快捷菜单中选择"导入几何模型"→"浏览"命令，如图 5-5 所示，此时会弹出"打开"对话框。

Step 02 在弹出的"打开"对话框中选择文件路径，导入 Bar. stp 几何体文件，此时 A3"几何结构"后的 ❓ 变为 ✔，表示实体模型已经存在。

Step 03 双击项目 A 中的 A3"几何结构"，此时会进入 DesignModeler 界面，选择单位为 mm，此时模型树中"导入 1"前显示 💥，表示需要生成，图形窗口中没有图形显示，如图 5-6 所示。

图 5-5　导入几何模型

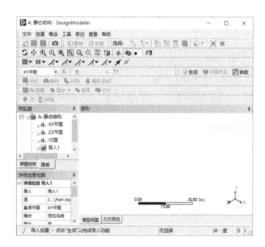

图 5-6　生成几何体前的 DesignModeler 界面

Step 04 单击"生成"按钮，即可显示生成的几何体，如图 5-7 所示，此时可在几何体上进行其他的操作。本例无须进行操作。

Step 05 单击 DesignModeler 界面右上角的"关闭"按钮，退出 DesignModeler，返回 Workbench 主界面。

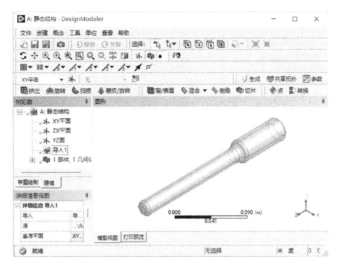

图 5-7　生成几何体后的 DesignModeler 界面

5.2.4　添加材料库

Step 01 双击项目 A 中的 A2 "工程数据"项，进入图 5-8 所示的材料参数设置界面。

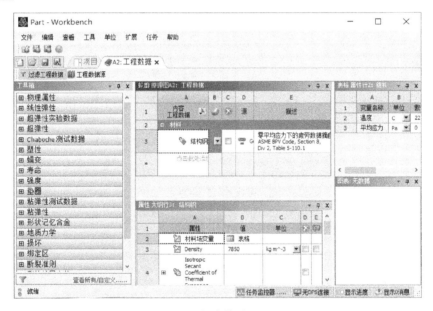

图 5-8　材料参数设置界面 1

　　Step 02 在界面的空白处右击，在弹出的快捷菜单中选择"工程数据源"，此时的界面会变为图 5-9 所示。

　　Step 03 在"工程数据源"表中选择 A4 栏"一般材料"，然后单击"轮廓 General Materials"表中 A11 栏"铝合金"后 B11 栏的 ➕ （添加）按钮，此时在 C11 栏会显示 ▣ （使用中的）标识，如图 5-10 所示，表示材料添加成功。

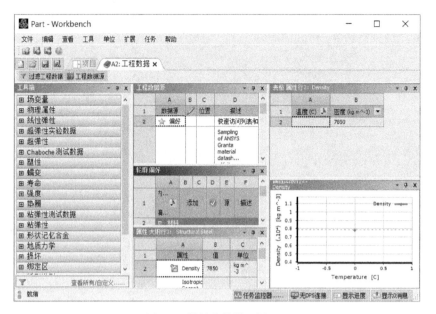

图 5-9　材料参数设置界面 2

Step 04 在界面的空白处右击，在弹出的快捷菜单中取消选择"工程数据源"，返回初始界面。

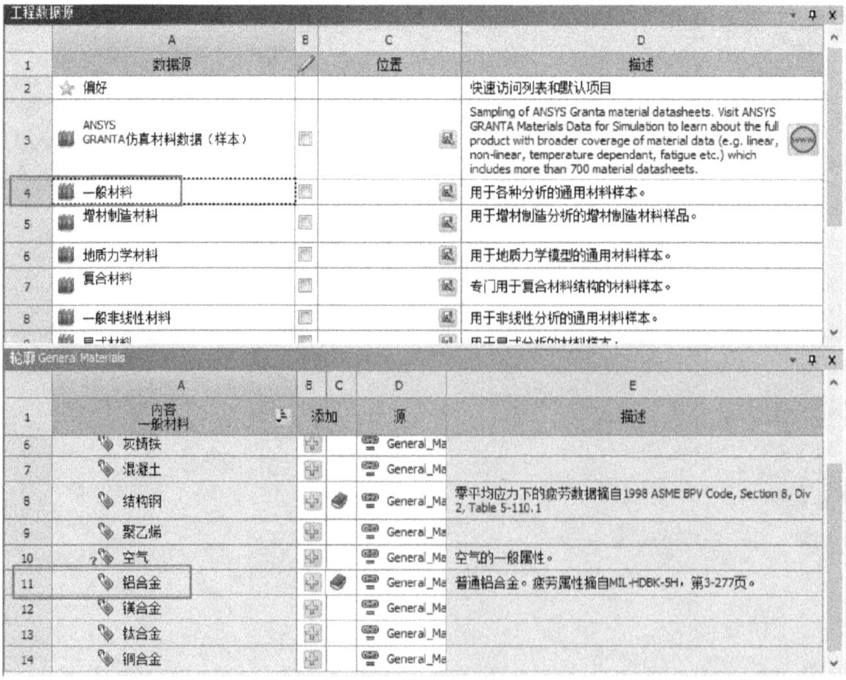

图 5-10　添加材料

Step 05 根据实际工程材料的特性，在"属性 大纲行 5：铝合金"表中可以修改材料的特性，如图 5-11 所示。本实例采用的是默认值。

图 5-11　材料属性窗口

Step 06 单击工具栏的"项目"按钮，返回 Workbench 主界面，材料库添加完毕。

5.2.5　添加模型材料属性

Step 01 双击主界面项目管理图项目 A 中的 A3 栏"模型"选项，进入图 5-12 所示的"A：静态结构-Mechanical"界面，在该界面下即可进行网格划分、分析设置、结果观察等操作。

图 5-12　Mechanical 界面

Step 02 选择"模型（A4）"→"几何结构"→"1"节点，此时即可在"1"的详细信息面板中给模型添加材料，如图 5-13 所示。

Step 03 单击参数列表中的"材料"→"任务"→ ▶ 按钮，此时会出现刚刚设置的材料铝合金，选择即可将其添加到模型中。如图 5-14 所示，材料已经添加成功。

图 5-13　选择材料　　　　　　　　　图 5-14　材料添加成功

5.2.6　划分网格

Step 01 选择"模型（A4）"→"网格"节点，此时可在"网格"的详细信息面板中修改网格参数。在"单元尺寸"中输入 5e-003m，其余采用默认设置，如图 5-15 所示。

Step 02 右击"模型（A4）"→"网格"节点，在弹出的快捷菜单中选择"生成网格"命令，最终的网格效果如图 5-16 所示。

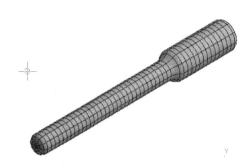

图 5-15　网格设置　　　　　　　　　图 5-16　网格效果

5.2.7　施加载荷与约束

Step 01 选择"模型（A4）"→"静态结构（A5）"节点，此时会出现图 5-17 所示的"环境"工具栏。

Step 02 如图 5-18 所示，选择"环境"工具栏的"结构"→"固定的"命令，此时在模型树中会出现"固定支撑"节点。

图 5-17 "环境"工具栏

图 5-18 添加固定约束

Step 03 选择"固定支撑"节点，选择需要施加固定约束的面，单击"应用"按钮，即可在选中面上施加固定约束，如图 5-19 所示。

Step 04 选择"环境"→"结构"→"力"命令，此时在模型树中会出现"力"节点，如图 5-20 所示。

Step 05 选择"力"节点，在"力"的详细信息面板中进行如下设置及输入。

- 在"几何结构"选项中确保图 5-21 所示的面被选中并单击"应用"按钮，此时在"几何结构"栏显示"1 面"，表明一个面已经被选中。
- 在"定义依据"栏选择"分量"选项。
- 在"Y 分量"栏输入 –5000N。

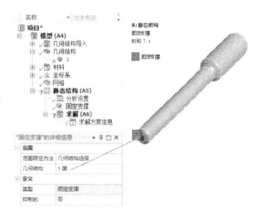

图 5-19 施加固定约束

图 5-20 添加力

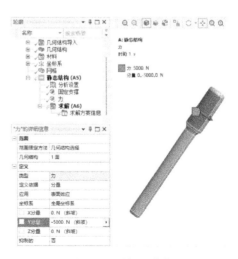

图 5-21 添加面载荷

5.2.8 结果后处理

Step 01 选择 Mechanical 界面左侧的"模型（A4）"→"求解（A6）"节点。

Step 02 如图 5-22 所示，选择"求解"工具栏的"应力"→"等效（Von-Mises）"命令，此时在模型树中会出现"等效应力"节点。

Step 03 选择"求解"→"应变"→"等效（Von-Mises）"命令，如图 5-23 所示，此时在模型树中会出现"等效弹性应变"节点。

图 5-22　添加等效应力

图 5-23　添加等效弹性应变

Step 04 选择"求解"→"变形"→"总计"命令，如图 5-24 所示，此时在模型树中会出现"总变形"节点。

Step 05 右击"模型（A4）"→"求解（A6）"节点，在弹出的快捷菜单中选择"求解"命令。

Step 06 选择模型树中"求解（A6）"下的"等效应力"节点，此时会出现图 5-25 所示的应力分析云图。

图 5-24　添加总变形

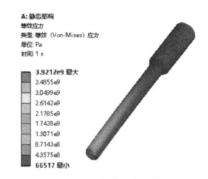

图 5-25　应力分析云图

Step 07 选择模型树中"求解（A6）"下的"等效弹性应变"节点，此时会出现图 5-26 所示的应变分析云图。

Step 08 选择模型树中"求解（A6）"下的"总变形"节点，此时会出现图 5-27 所示的总变形分析云图。

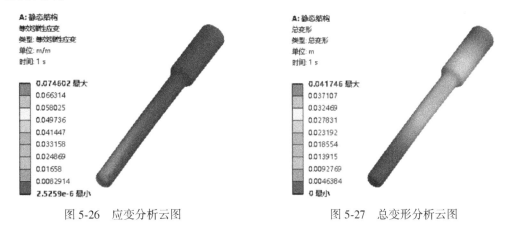

图 5-26 应变分析云图   图 5-27 总变形分析云图

从以上分析可以看出，底部圆柱位置的应力比较大，这符合截面积小应力大的理论，在做受力结构件的设计时应该避免出现这种结构，从而增加设计强度。

5.2.9 保存与退出

Step 01 单击 Mechanical 界面右上角的"关闭"按钮，退出 Mechanical 返回 Workbench 主界面。

Step 02 在 Workbench 主界面中单击"常用"工具栏的"保存"按钮，在文件名中输入 SolidStaticStructure，保存包含分析结果的文件。

Step 03 单击右上角的"关闭"按钮，退出 Workbench 主界面，完成项目分析。

扫码看视频

5.3 实例 2：子模型静力学分析

本节将通过一个简单的实例介绍一下 ANSYS Workbench 的特有分析方法，即子模型分析。

子模型分析是 ANSYS Workbench 新加的一个模块，较多应用于模型的细化分析，以提高局部的分析精度。

学习目标：熟练掌握 ANSYS Workbench 子模型分析方法及过程。

模型文件	网盘 \ Chapter05 \ char05-2 \ Sub_Model. sat；Model. sat
结果文件	网盘 \ Chapter05 \ char05-2 \ Sub_Model. wbpj

5.3.1 问题描述

在工程分析中常常会遇到一些结构比较复杂的模型，而这类模型的某些位置，特别是一些过渡连接的位置或者特征比较复杂的位置就需要细化网格，以满足计算精度要求，但是由于硬件资源有限，这些问题尽管原理很简单，但却很棘手，旧版本的 ANSYS Workbench 只能通过 APDL 编程来辅助分析，对于初学者或者一般工程人员来说，上手比较困难，而新版本的 ANSYS Workbench 不需要特殊编程就能完成细化分析，即使用子模型分析。

下面将通过一个简单的例子讲解一下如何对图5-28所示的模型进行子模型分析。

5.3.2 建立分析项目

Step 01 启动 ANSYS Workbench，进入主界面。

Step 02 双击主界面工具箱中的"分析系统"→"静态结构"选项，即可在项目原理图中创建分析项目 A，如图 5-29 所示。

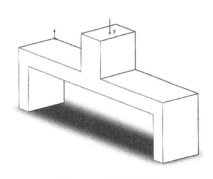

图 5-28　铝合金模型   图 5-29　创建分析项目 A

5.3.3 导入几何模型

Step 01 在 A3"几何结构"上右击，在弹出的快捷菜单中选择"导入几何模型"→"浏览"命令，如图 5-30 所示，此时会弹出"打开"对话框。

Step 02 在弹出的"打开"对话框中选择文件路径，导入 Model. sat 几何体文件，此时 A3"几何结构"后的 ❓ 变为 ✔️，表示实体模型已经存在。

Step 03 双击项目 A 中的 A3"几何结构"，此时会进入 DesignModeler 界面，选择单位为 m，此时模型树中"导入 1"前显示 ✔️，表示需要生成，图形窗口中没有图形显示，如图 5-31 所示。

Step 04 单击"生成"按钮，即可显示生成的几何体，如图 5-32 所示，此时可在几何体上进行其他的操作。本例无须进行操作。

图 5-30　导入几何模型

Step 05 单击 DesignModeler 界面右上角的"关闭"按钮，退出 DesignModeler，返回 Workbench 主界面。

图 5-31　生成几何体前的 DesignModeler 界面

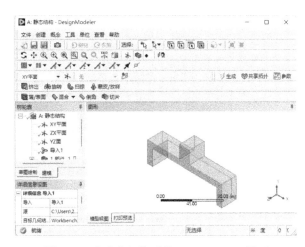

图 5-32　生成几何体后的 DesignModeler 界面

5.3.4　添加材料库

Step 01　双击项目 A 中的 A2 "工程数据"项，进入图 5-33 所示的材料参数设置界面。

图 5-33　材料参数设置界面 1

Step 02　在界面的空白处右击，在弹出的快捷菜单中选择 "工程数据源"，此时的界面会变为图 5-34 所示。

Step 03　在 "工程数据源"表中选择 A4 栏 "一般材料"，然后单击 "轮廓 General Materials"表中 A11 栏 "铝合金"后的 B11 栏的　（添加）按钮，此时在 C11 栏会显示　（使用中的）标识，如图 5-35 所示，表示材料添加成功。

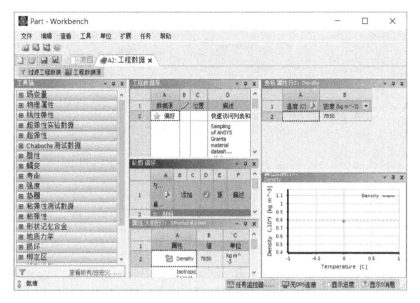

图 5-34 材料参数设置界面 2

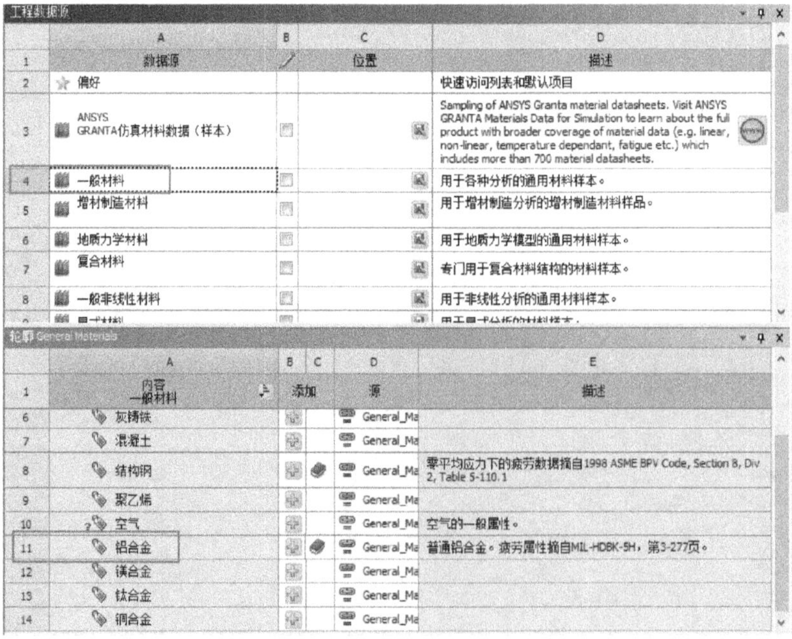

图 5-35 添加材料

Step 04 在界面的空白处右击，在弹出的快捷菜单中取消选择"工程数据源"，返回初始界面。

Step 05 根据实际工程材料的特性，在"属性 大纲行 5：铝合金"表中可以修改材料的特性，如图 5-36 所示。本实例采用的是默认值。

Step 06 单击工具栏的"项目"按钮，返回 Workbench 主界面，材料库添加完毕。

图 5-36　材料属性窗口

5.3.5　添加模型材料属性

Step 01 双击主界面项目管理图项目 A 中的 A4 栏"模型"项，进入图 5-37 所示"A：静态结构-Mechanical"界面，在该界面下即可进行网格划分、分析设置和结果观察等操作。

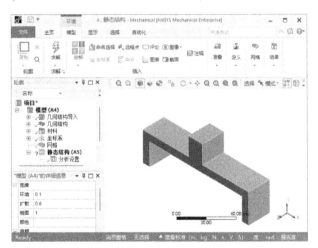

图 5-37　Mechanical 界面

Step 02 选择 Mechanical 界面左侧的"模型（A4）"→"几何结构"→"实体 1"，此时即可在"实体 1"的详细信息面板中给模型添加材料，如图 5-38 所示。

Step 03 单击参数列表中的"材料"→"任务"→ ▶ ，此时会出现刚刚设置的材料铝合金，选择即可将其添加到模型中。如图 5-39 所示，材料已经添加成功。

图 5-38 选择材料

图 5-39 材料添加成功

5.3.6 划分网格

Step 01 选择"模型（A4）"→"网格"节点，此时可在"网格"的详细信息面板中修改网格参数，"单元尺寸"设置为 10m，其余采用默认设置，如图 5-40 所示。

Step 02 右击"模型（A4）"→"网格"节点，在弹出的快捷菜单中选择 ⚡ "生成网格"命令，最终的网格效果如图 5-41 所示。

注意：本实例为了演示子模型的使用方法，所以全模型的网格划分比较粗糙。

图 5-40 网格设置

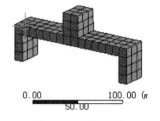

图 5-41 网格效果

5.3.7 施加载荷与约束

Step 01 选择 Mechanical 界面左侧的"模型（A4）"→"静态结构（A5）"节点，此时会

出现图 5-42 所示的"环境"工具栏。

Step 02 选择"环境"工具栏的"结构"→"固定的"命令，此时在模型树中会出现"固定支撑"节点，如图 5-43 所示。

图 5-42　"环境"工具栏

图 5-43　添加固定约束

Step 03 选中"固定支撑"节点，选择需要施加固定约束的面，单击"应用"按钮，即可在选中面上施加固定约束，如图 5-44 所示。

Step 04 选择"环境"工具栏的"结构"→"力"命令，此时在模型树中会出现"力"节点，如图 5-45 所示。

Step 05 选中"力"节点，在"力"的详细信息面板中进行如下设置及输入。

- 在"几何结构"选项中确保图 5-46 所示的面被选中并单击"应用"按钮，此时在"几何结构"栏显示"1 面"，表明一个面已经被选中。

图 5-44　施加固定约束

图 5-45　添加力

图 5-46　添加面载荷

- 在"定义依据"栏选择"分量"选项。
- 在"Y 分量"选项中输入 –2000N，其余使用默认设置即可。

5.3.8 结果后处理

Step 01 选择 Mechanical 界面左侧的"模型（A4）"→"求解（A6）"节点。

Step 02 选择"求解"工具栏的"应力"→"等效（Von-Mises）"命令，此时在模型树中会出现"等效应力"节点，如图 5-47 所示。

Step 03 选择"求解（A4）"→"应变"→"等效（Von-Mises）"命令，如图 5-48 所示，此时在模型树中会出现"等效弹性应变"节点。

Step 04 选择"求解（A4）"→"变形"→"总计"命令，如图 5-49 所示，此时在模型树中会出现"总变形"节点。

图 5-47 添加等效应力

图 5-48 添加等效弹性应变

图 5-49 添加总变形

Step 05 右击"模型（A4）"→"求解（A6）"节点，在弹出的快捷菜单中选择 "求解"命令。

Step 06 选择模型树中"求解（A6）"下的"等效应力"节点，此时会出现图 5-50 所示的应力分析云图。

Step 07 选择模型树中"求解（A6）"下的"等效弹性应变"节点，此时会出现图 5-51 所示的应变分析云图。

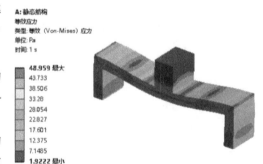

图 5-50 应力分析云图

Step 08 选择模型树中"求解（A6）"下的"总变形"节点，此时会出现图 5-52 所示的总变形分析云图。

Step 09 单击 Mechanical 界面右上角的"关闭"按钮，退出 Mechanical，返回 Workbench 主界面。

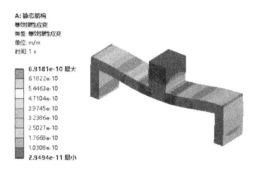

图 5-51 应变分析云图

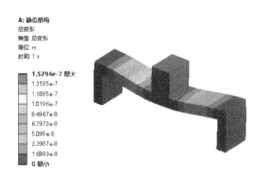

图 5-52 总变形分析云图

5.3.9 子模型分析

Step 01 右击项目 A 中的 A1，在弹出的快捷菜单中选择"复制"节点，如图 5-53 所示，复制一个分析项目，得到项目 B。

Step 02 右击项目 B 中的 B3"几何结构"栏，在弹出的快捷菜单中选择"替换几何结构" → "浏览"命令，如图 5-54 所示。

图 5-53 复制项目

图 5-54 替换几何结构

Step 03 在弹出的"打开"对话框中选择 Sub_Model. sat 几何文件，如图 5-55 所示。

Step 04 将项目 A 中的 A6 拖到项目 B 中的 B5，如图 5-56 所示。

图 5-55 选择几何文件

图 5-56 数据传递

Step 05 右击 B4，在弹出的快捷菜单中选择"更新"命令，更新数据。

Step 06 双击 B5 进入 Mechanical 平台，此时在 Mechanical 平台中出现图 5-57 所示"子建模（A6）"节点，表示可以添加子建模激励。

Step 07 将材料设置为铝合金。

Step 08 划分网格，将"单元尺寸"设置为 1e-3m，如图 5-58 所示。

Step 09 划分完成后的网格模型如图 5-59 所示。

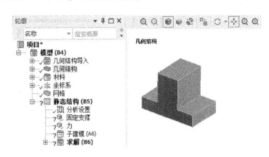

图 5-57　子模型激励

Step 10 删除"静态结构（B5）"下的"固定支撑"和"力"两个节点。

图 5-58　网格设置

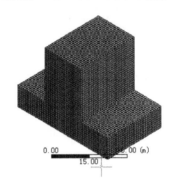

图 5-59　网格模型

Step 11 右击"子建模（A6）"节点，在弹出的快捷菜单中依次选择"插入"→"切割边界约束"命令，如图 5-60 所示。

Step 12 在弹出的图 5-61 所示"导入的切割边界约束"详细信息面板中，在"几何结构"栏选择 3 个面。

图 5-60　插入切割边界约束

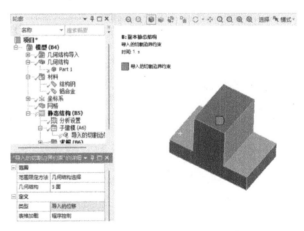

图 5-61　设置导入的切割边界约束

Step 13 右击"导入的切割边界约束"节点，在弹出的快捷菜单中选择"导入载荷"命令。导入完成后如图 5-62 所示。

Step 14 右击模型树中的"静态结构（B5）"节点，在弹出的快捷菜单中选择 $\not{}$ "求解"命令。

Step 15 图 5-63～图 5-65 所示为应力、应变及位移分布云图。

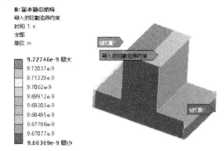

图 5-62　导入的载荷

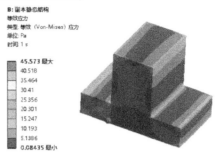

图 5-63　应力分布云图

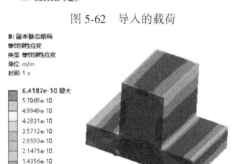

图 5-64　应变分布云图

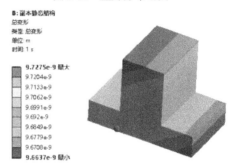

图 5-65　位移分布云图

5.3.10　保存与退出

Step 01 单击 Mechanical 界面右上角的"关闭"按钮，退出 Mechanical，返回 Workbench 主界面。

Step 02 在 Workbench 主界面中单击"常用"工具栏的"保存"按钮，保存包含分析结果的文件。

Step 03 单击右上角的"关闭"按钮，退出 Workbench 主界面，完成项目分析。

提示：读者可根据子模型分析的方法和步骤，详细揣摩子模型分析的机理。子模型分析比较适合几何模型比较复杂的结构，如汽车的轮毂结构一般比较复杂，而且属于周期对称结构，一般可以取出其中一部分做有限元分析，但是考虑到结构在轮缘与辐射毂之间过渡的位置受力容易出现奇异值，所以在过渡位置进行细化分析，以提高计算精度。

5.4　本章小结

线性静力学分析是有限元分析中最常见的分析类型。在制造业、消费品、土木工程、医学研究、电力传输和电子设计等领域中经常用到此类分析。

本章通过典型案例介绍了实体单元有限元静力学分析的一般过程，包括模型导入、材料选择与材料属性赋予、有限元网格划分、边界条件施加、结构后处理等。

通过本章的学习，读者也应对 ANSYS Workbench 子模型的分析方法有了了解，同时借助 ANSYS 帮助文档进行深入学习，可以熟练掌握其操作步骤与分析方法。

第6章

模态分析

ANSYS Workbench 为用户提供了多种动力学分析工具，可以完成各种动力学现象的分析和模拟，其中包括模态分析、响应谱分析、随机振动分析、谐响应分析、线性屈曲分析、瞬态动力学分析及显式动力学分析，其中，显式动力学分析由 ANSYS AUTODYN 及 ANSYS LS-DYNA 两个求解器完成。

本章将对 ANSYS Workbench 的模态分析模块进行讲解，并通过典型应用对其一般步骤进行详细讲解，包括几何建模（外部几何数据的导入）、材料赋予、网格设置与划分、边界条件的设定和后处理操作。

学习目标 知 识 点	了　解	理　解	应　用	实　践
模态分析的应用	√			
模态分析的意义		√	√	√
ANSYS Workbench 模态分析		√	√	√
ANSYS Workbench 模态分析设置			√	√
ANSYS Workbench 材料赋予			√	√
ANSYS Workbench 模态后处理			√	√

6.1 结构动力学分析简介

动力学分析是用来确定惯性和阻尼起重要作用时结构的动力学行为的技术，典型的动力学行为有结构的振动特性（如结构的振动和自振频率）、载荷随时间变化的效应或交变载荷激励效应等。动力学分析可以模拟的物理现象包括振动冲击、交变载荷、地震载荷、随机载荷等。

6.1.1 结构动力学分析

动力学问题遵循的平衡方程为

$$Mx'' + Cx' + Kx = F(t) \tag{6-1}$$

式中，M 是质量矩阵；C 是阻尼矩阵；K 是刚度矩阵；x 是位移矢量；$F(t)$ 是力矢量；x' 是速度矢量；x'' 是加速度矢量。

动力学分析适用于快速加载、冲击碰撞的情况，在这种情况下惯性和阻尼的影响不能被忽略。如果结构静定，载荷速度较慢，则动力学计算结果将等同于静力学计算结果。

动力学问题需要考虑结构的惯性，因此对于动力学分析来说，材料参数必须定义密度，另外，材料的弹性模量和泊松比也是必不可少的输入参数。

6.1.2 结构动力学分析的阻尼

结构动力学分析的阻尼是振动能量耗散的机制，可以使振动最终停下来。阻尼大小取决于材料、运动速度和振动频率。阻尼参数在式（6-1）中由阻尼矩阵 C 描述，阻尼力与运动速度成比例。

动力学中常用的阻尼形式有阻尼比 ξ、α 阻尼和 β 阻尼，其中，α 阻尼和 β 阻尼统称为瑞利阻尼（Rayleigh 阻尼），下面将简单介绍一下以上 3 种阻尼的基本概念及公式。

1）阻尼比 ξ：指阻尼系数与临界阻尼系数之比。临界阻尼定义为出现振荡与非振荡行为之间的临界点的阻尼值，此时阻尼比 $\xi = 1.0$，对于单自由度弹簧质量系统，质量为 m，圆频率为 ω，则临界阻尼 $C = 2m\omega$。

2）瑞利阻尼：包括 α 阻尼和 β 阻尼。如果质量矩阵为 M，刚度矩阵为 K，则瑞利阻尼矩阵为 $C = \alpha M + \beta K$，所以 α 阻尼和 β 阻尼分别被称为质量阻尼和刚度阻尼。

阻尼比与瑞利阻尼之间的关系为：$\xi = \alpha/2\omega + \beta\omega/2$，从此公式可以看出，质量阻尼过滤低频部分（频率越低，阻尼越大），而刚度阻尼过滤高频部分（频率越高，阻尼越大）。

3）定义 α 阻尼和 β 阻尼：运用关系式 $\xi = \alpha/2\omega + \beta\omega/2$，指定两个频率 ω_i 和 ω_j 对应的阻尼比 ξ_i 和 ξ_j，则可以计算出 α 阻尼和 β 阻尼，如下所示：

$$\alpha = \frac{2\omega_i\omega_j}{\omega_j^2 - \omega_i^2}(\omega_j\zeta_i - \omega_i\zeta_j)$$

$$\beta = \frac{2}{\omega_j^2 - \omega_i^2}(\omega_j\zeta_j - \omega_i\zeta_i)$$

（6-2）

4）阻尼值量级：以 α 阻尼为例，$\alpha = 0.5$ 为很小的阻尼，$\alpha = 2.5$ 为显著的阻尼，$\alpha = 5 \sim 10$ 为非常显著的阻尼，$\alpha > 10$ 为很大的阻尼，不同阻尼情况下结构的变形可能会有较明显的差异。

6.2 模态分析简介

模态分析是计算结构振动特性的数值技术，结构振动特性包括固有频率和振型，可以使结构设计避免共振，并指导工程师预测在不同载荷作用下结构的振动形式。模态分析是最基本的动力学分析，也是其他动力学分析的基础，响应谱分析、随机振动分析、谐响应分析等都需要在模态分析的基础上进行，比如瞬态动力学分析中为了保证动力响应的计算精度，通常要求在结构的一个自振周期内有不少于 25 个计算点，模态分析可以确定结构的自振周期，从而帮助分析人员确定合理的瞬态分析时间步长。

6.2.1 模态分析

如前所述，模态分析的好处在于：可以使结构设计避免共振或者以特定的频率进行振动；工程师可以从中认识到结构对不同类型的动力载荷是如何响应的；有助于在其他动力学分析中估算求解控制参数。

ANSYS Workbench 模态求解器有图 6-1 所示的几种类型，默认为程序控制。

除了常规的模态分析外，ANSYS Workbench 还可进行含有接触的模态分析及考虑预应力的模态分析。

图 6-2 所示为在 ANSYS Workbench 中创建的默认求解器的模态分析。

图 6-1　模态求解器类型　　　　　　　　　图 6-2　模态分析项目

6.2.2　模态分析基础

无阻尼模态分析是经典的特征值问题，动力学问题的运动方程为

$$Mx''+Kx=0 \tag{6-3}$$

结构的自由振动为简谐振动，即位移为正弦函数：

$$x=x\sin(\omega t) \tag{6-4}$$

代入式（6-3）得

$$(K-\omega^2 M)x=0 \tag{6-5}$$

式（6-4）为经典的特征值问题，此方程的特征值为 $\omega_i{}^2$，其开方 ω_i 就是自振圆频率，自振频率为 $f=\dfrac{\omega_i}{2\pi}$。

特征值 ω_i 对应的特征向量 x_i 为自振频率 $f=\dfrac{\omega_i}{2\pi}$ 对应的振型。

说明：模态分析实际上就是进行特征值和特征向量的求解，也称为模态提取。模态分析中材料的弹性模量、泊松比及材料密度是必须定义的。

6.2.3　预应力模态分析

结构中的应力可能会导致结构刚度的变化，这方面的典型例子是琴弦，张紧的琴弦比松弛的琴弦声音要尖锐，这是因为张紧的琴弦刚度更大，从而导致自振频率更高的缘故。

叶轮叶片在转速很高的情况下，由于离心力产生的预应力作用，其自然频率有增大的趋势，如果转速高到这种变化已经不能被忽略的程度，则需要考虑预应力对刚度的影响。

预应力模态分析就是用于分析含预应力结构的自振频率和振型，它和常规模态分析类似，但需要考虑载荷产生的应力对结构刚度的影响。

6.3 实例 1：圆板模态分析

本节主要介绍 ANSYS Workbench 的模态分析模块，计算圆板的自振频率特性。

学习目标：熟练掌握 ANSYS Workbench 模态分析的方法及过程。

模型文件	无
结果文件	网盘 \ Chapter06 \ char06-1 \ Model. wbpj

6.3.1 问题描述

图 6-3 所示为圆板模型，请用 ANSYS Workbench 分析圆板自振频率变形。

6.3.2 建立分析项目

Step 01 启动 ANSYS Workbench，进入主界面。

Step 02 双击主界面工具箱中的"分析系统"→"模态"选项，即可在项目原理图中创建分析项目 A，如图 6-4 所示。

图 6-3 圆板模型

图 6-4 创建分析项目 A

6.3.3 创建几何体

Step 01 双击 A3"几何结构"栏进入 DesignModeler 几何建模平台，切换到"草图绘制"选项卡，在 XY 平面上绘制图 6-5 所示的圆形，并对圆形进行标注：D1 = 100mm。

Step 02 在菜单栏中依次选择"概念"→"草图表面"命令，如图 6-6 所示，在"厚度"栏输入 1mm，单击工具栏的"生成"按钮生成几何模型。

Step 03 单击 DesignModeler 界面右上角的"关闭"按钮，退出 DesignModeler，返回 Workbench 主界面。

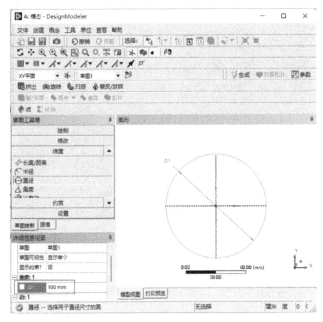

图 6-5　草图绘制　　　　　　　　　　　　　　　　图 6-6　菜单命令

6.3.4　添加材料库

Step 01 双击项目 A 中的 A2"工程数据"项，进入图 6-7 所示的材料参数设置界面。

Step 02 在界面的空白处右击，在弹出的快捷菜单中选择"工程数据源"，此时的界面会变为图 6-8 所示。

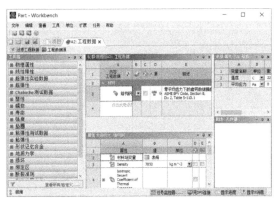

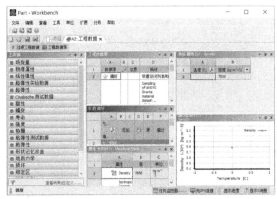

图 6-7　材料参数设置界面 1　　　　　　　　　　图 6-8　材料参数设置界面 2

Step 03 在"工程数据源"表中选择 A4 栏"一般材料"，然后单击"轮廓 General Materials"表中 A4 栏"不锈钢"后 B4 栏的 ➕（添加）按钮，此时在 C4 栏会显示 🧊（使用中的）标识，如图 6-9 所示，表示材料添加成功。

Step 04 在界面的空白处右击，在弹出的快捷菜单中取消选择"工程数据源"，返回初始界面。

Step 05 根据实际工程材料的特性，在"属性 大纲行3：不锈钢"表中可以修改材料的特性，如图6-10所示。本实例采用的是默认值。

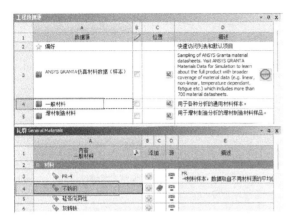

图6-9 添加材料 　　　　　　　　图6-10 材料参数修改窗口

Step 06 单击工具栏的"项目"按钮，返回 Workbench 主界面，材料库添加完毕。

6.3.5 添加模型材料属性

Step 01 双击主界面项目管理图项目 A 中的 A4 栏"模型"项，进入图6-11所示的"A：模态-Mechanical"界面，在该界面下即可进行网格划分、分析设置、结果观察等操作。

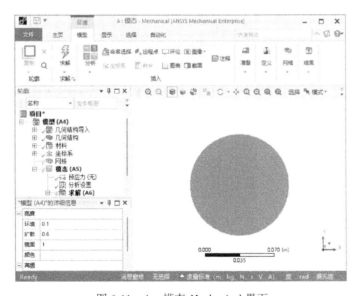

图6-11 A：模态-Mechanical 界面

Step 02 选择"模型（A4）"→"几何结构"→"表面几何体"节点，即可在"表面几何体"的详细信息面板中给模型添加材料，如图6-12所示。

Step 03 单击参数列表中的"材料"→"任务"→ ▶ 按钮，此时会出现刚刚设置的材料不锈钢，选择即可将其添加到模型中。此时模型树"几何结构"前的 ❓ 变为 ✔ ，如图 6-13 所示，表示材料已经添加成功。

图 6-12　选择材料　　　　　　　　　图 6-13　材料添加成功

6.3.6　划分网格

Step 01 选择"模型（A4）"→"网格"节点，此时可在"网格"的详细信息面板中修改网格参数，如图 6-14 所示，"单元尺寸"设置为 5e-003m，其余采用默认设置。

Step 02 右击"模型"→"网格"节点，在弹出的快捷菜单中选择 ⚡ "生成网格"命令，划分完成的网格效果如图 6-15 所示。

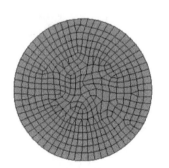

图 6-14　网格设置　　　　　　　　　图 6-15　网格效果

6.3.7　施加载荷与约束

Step 01　选择"模型（A4）"→"模态（A5）"节点，此时会出现图 6-16 所示的"环境"工具栏。

Step 02　选择"环境"工具栏的"结构"→"固定的"命令，此时在模型树中会出现"固定支撑"节点，如图 6-17 所示。

图 6-16　"环境"工具栏　　　　　　　图 6-17　添加固定约束

Step 03　选中"固定支撑"节点，选择需要施加固定约束的边，单击"固定支撑"详细信息面板"几何结构"后的"应用"按钮，即可在选中面上施加固定约束，如图 6-18 所示。

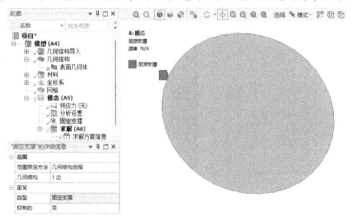

图 6-18　施加固定约束

Step 04 选择模型树中的"分析设置"节点，在该选项下可以设置求解模态数、求解方法等选项，这里采用默认设置，如图 6-19 所示，求解模型的前六阶模态。

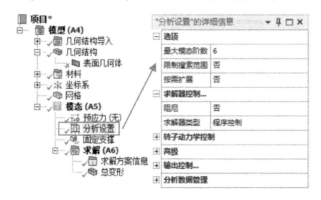

图 6-19　设置模态求解参数

6.3.8　结果后处理

Step 01 选择"模型（A4）"→"模态（A5）"→"求解（A6）"节点。

Step 02 选择"求解"工具栏的"变形"→"总计"命令，如图 6-20 所示，此时在模型树中会出现"总变形"节点。单<F2>快捷键，将其更名为"总变形 1"，并在其详细信息面板中设置"模式"为 1，如图 6-21 所示。

图 6-20　添加总变形

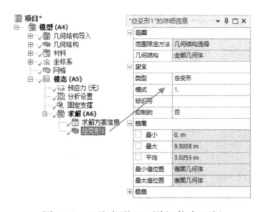

图 6-21　"总变形 1"详细信息面板

Step 03 利用同样的方法添加其他的模态求解项，"总变形 2"对应二阶模态，"总变形 3"对应三阶模态，依次类推，最终模型树如图 6-22 所示。

Step 04 右击模型树中的"求解（A6）"节点，在弹出的快捷菜单中选择 ✦"求解"命令进行求解。

Step 05 选择"模型（A4）"→"模态（A5）"→"求解（A6）"→"总变形"节点，此时会出现图 6-23 所示的一阶模态总变形云图。

Step 06 利用同样的方法可以观察其他各阶模态的分析结果，如图 6-24～图 6-28 所示。

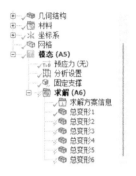

图 6-22　最终模型树

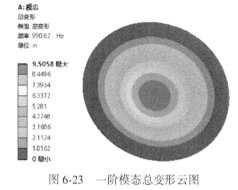

图 6-23　一阶模态总变形云图

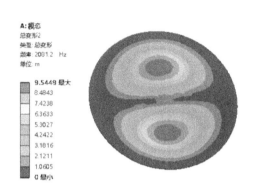

图 6-24　二阶模态总变形云图

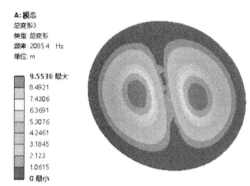

图 6-25　三阶模态总变形云图

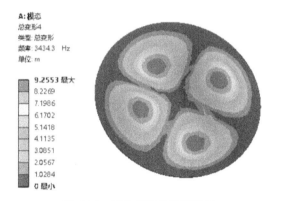

图 6-26　四阶模态总变形云图

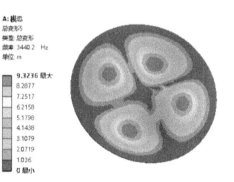

图 6-27　五阶模态总变形云图

Step 07 图 6-29 所示为圆板前六阶模态频率，Workbench 模态计算时的默认模态数量为 6。

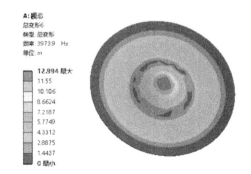

图 6-28　六阶模态总变形云图

表格数据		
模式	✔ 频率 [	
1	1.	990.82
2	2.	2081.2
3	3.	2085.4
4	4.	3434.3
5	5.	3440.2
6	6.	3973.9

图 6-29　各阶模态频率 1

Step 08 选择"模型（A4）"→"模态（A5）"→"分析设置"节点，在图 6-30 所示的"分析设置"详细信息面板中有最大模态阶数选项，在此选项中可以修改模态数量，此处改为 10。

Step 09 重新计算得到的模态频率如图 6-31 所示。

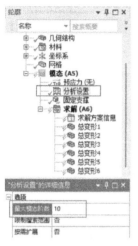

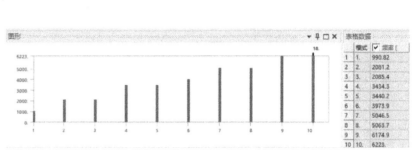

图 6-30　修改模态数量　　　　图 6-31　各阶模态频率 2

6.3.9　保存与退出

Step 01 单击 Mechanical 界面右上角的"关闭"按钮，退出 Mechanical，返回 Workbench 主界面。

Step 02 在 Workbench 主界面中单击"常用"工具栏的"保存"按钮，保存文件为 Model. wbpj。

Step 03 单击右上角的"关闭"按钮，退出 Workbench 主界面，完成项目分析。

6.4　实例 2：有预应力的模态分析

扫码看视频

学习目标：熟练掌握 ANSYS Workbench 有预应力模态分析的方法及过程。

模型文件	无
结果文件	网盘 \ Chapter06 \ char06-2 \ model_compression. wbpj

6.4.1　问题描述

模型如图 6-32 所示，请用 ANSYS Workbench 计算它在有压力工况下的固有频率。

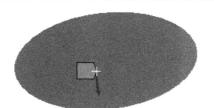

图 6-32　几何模型

6.4.2　建立分析项目

Step 01 启动 ANSYS Workbench，进入主界面。

Step 02 双击主界面工具箱中的"定制系统"→"预应力模态"选项，即可在项目原理图中同时创建分析项目 A（静力结构）及项目 B（模态），如图 6-33 所示。

图 6-33　创建分析项目 A 及项目 B

6.4.3　创建几何体

Step 01 双击 A3"几何结构"栏进入 DesignModeler 几何建模平台，切换到"草图绘制"选项卡，在 XY 平面上绘制图 6-34 所示的圆形，并对圆形进行标注：D1 = 100mm。

Step 02 在菜单栏中依次选择"概念"→"草图表面"命令，如图 6-35 所示，在"厚度"栏输入 1mm，单击工具栏的"生成"按钮生成几何模型。

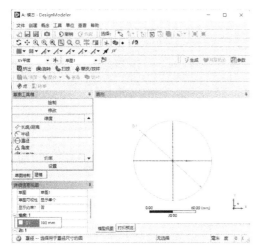

图 6-34　草图绘制

图 6-35　菜单命令

Step 03 单击 DesignModeler 界面右上角的"关闭"按钮，退出 DesignModeler，返回 Workbench 主界面。

6.4.4 添加材料库

Step 01 双击项目 A 中的 A2"工程数据"项，进入图 6-36 所示的材料参数设置界面。

Step 02 在界面的空白处右击，在弹出的快捷菜单中选择"工程数据源"，此时的界面会变为图 6-37 所示。

图 6-36 材料参数设置界面 1　　　　　图 6-37 材料参数设置界面 2

Step 03 在"工程数据源"表中选择 A4 栏"一般材料"，然后单击"轮廓 General Materials"表中 A4 栏"不锈钢"后 B4 栏的 ⊕ （添加）按钮，此时在 C4 栏会显示 ▨ （使用中的）标识，如图 6-38 所示，表示材料添加成功。

Step 04 在界面的空白处右击，在弹出的快捷菜单中取消选择"工程数据源"，返回初始界面。

Step 05 根据实际工程材料的特性，在"属性 大纲行 3：不锈钢"表中可以修改材料的特性，如图 6-39 所示。本实例采用的是默认值。

图 6-38 添加材料　　　　　　　　图 6-39 材料参数修改窗口

Step 06 单击工具栏的"项目"按钮，返回 Workbench 主界面，材料库添加完毕。

6.4.5 添加模型材料属性

Step 01 双击主界面项目管理图项目 A 中的 A4 栏"模型"项，进入图 6-40 所示的"系统 A，B-Mechanical"界面，在该界面下即可进行网格划分、分析设置、结果观察等操作。

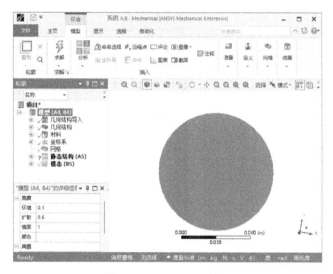

图 6-40 Mechanical 界面

Step 02 选择 Mechanical 界面左侧的"模型（A4）"→"几何结构"→"表面几何体"节点，此时即可在"表面几何体"的详细信息面板中给模型添加材料，如图 6-41 所示。

Step 03 单击参数列表中的"材料"→"任务"→ ▸ 按钮，此时会出现刚刚设置的材料不锈钢，选择即可将其添加到模型中。此时模型树"几何结构"前的 ❓ 变为 ✔️ ，如图 6-42 所示，表示材料已经添加成功。

图 6-41 选择材料

图 6-42 材料添加成功

6.4.6　划分网格

Step 01 选择 Mechanical 界面左侧的"模型（A4）"→"网格"节点，此时可在"网格"的详细信息面板中修改网格参数，如图 6-43 所示，将"单元尺寸"设置为 5e-003m，其余采用默认设置。

Step 02 右击"模型（A4）"→"网格"节点，在弹出的快捷菜单中选择 ⚡ "生成网格"命令，划分完成的网格效果如图 6-44 所示。

图 6-43　网格设置

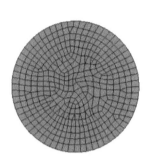
图 6-44　网格效果

6.4.7　施加载荷与约束

Step 01 选择 Mechanical 界面左侧的"模型（A4）"→"静态结构（A5）"节点，此时会出现图 6-45 所示的"环境"工具栏。

Step 02 选择"环境"工具栏的"结构"→"固定的"命令，此时在模型树中会出现"固定支撑"节点，如图 6-46 所示。

图 6-45　"环境"工具栏

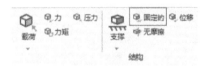
图 6-46　添加固定约束

Step 03 选中"固定支撑"节点，选择需要施加固定约束的面，单击"应用"按钮，即可在选中面上施加固定约束，如图 6-47 所示。

Step 04 选择"环境"工具栏的"结构"→"力"命令，此时在模型树中会出现"力"节点，如图 6-48 所示。

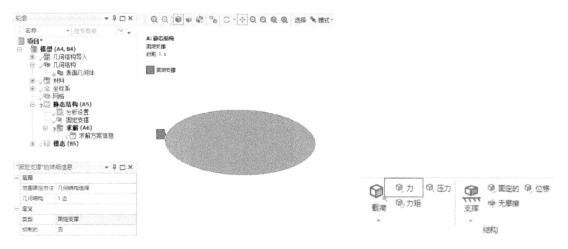

图 6-47 施加固定约束 　　　　　　　　　图 6-48 添加力

Step 05 选中"力"节点，在"力"的详细信息面板中进行如下设置及输入。

- 在"几何结构"选项中确保图 6-49 所示的面被选中并单击"应用"按钮，此时在"几何结构"栏显示"1 面"，表明一个面已经被选中。
- 在"定义依据"栏选择"分量"选项。
- 在"Z 分量"选项中输入-300N，其余使用默认设置即可。

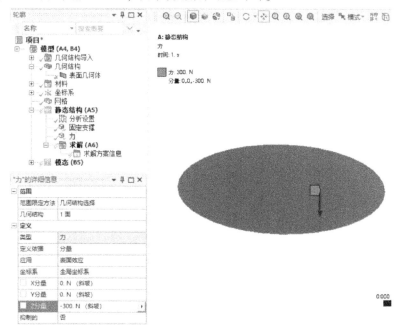

图 6-49 施加力载荷

Step 06 在后处理中添加总变形，并进行后处理运算，变形云图如图 6-50 所示。

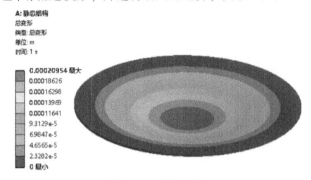

图 6-50 变形云图

6.4.8 模态分析

Step 01 选择 Mechanical 界面左侧的"模型（A4）"→"模态（B5）"→"求解（B6）"
节点。

Step 02 选择"求解"工具栏的"变形"→"总计"命令，如图 6-51 所示，此时在模型树
中会出现"总变形"节点。按<F2>快捷键，将其更名为"总变形 1"，并在其详细信息面板中设
置"模式"为 1，如图 6-52 所示。

图 6-51 添加总变形

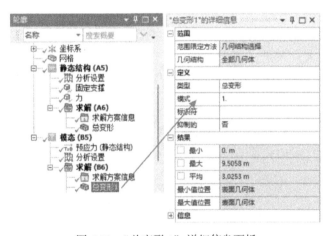

图 6-52 "总变形 1"详细信息面板

Step 03 利用同样的方法添加其他的模态求解项，"总变形 2"对应二阶模态，"总变形 3"
对应三阶模态，依次类推，最终模型树如图 6-53 所示。

Step 04 右击模型树中的"求解（A6）"节点，在弹出的快捷菜单中选择 "求解"命令
进行求解。

Step 05 选择"模型（A4）"→"模态（B5）"→"求解（B6）"→"总变形 1"，此时
会出现图 6-54 所示的一阶模态总变形云图。

Step 06 利用同样的方法可以观察其他各阶模态的分析结果，如图 6-55～图 6-59 所示。

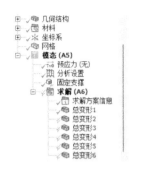

图 6-53　最终模型树

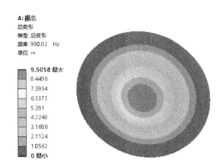

图 6-54　一阶模态总变形云图

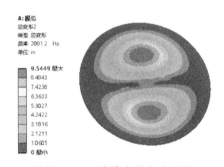

图 6-55　二阶模态总变形云图

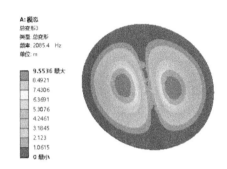

图 6-56　三阶模态总变形云图

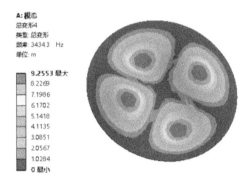

图 6-57　四阶模态总变形云图

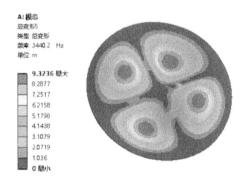

图 6-58　五阶模态总变形云图

Step 07　图 6-60 所示为圆板前六阶模态频率，Workbench 模态计算时的默认模态数量为 6。

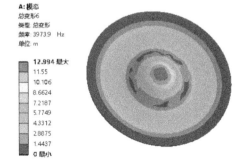

图 6-59　六阶模态总变形云图

	模式	☑ 频率 (
1	1.	990.82
2	2.	2081.2
3	3.	2085.4
4	4.	3434.3
5	5.	3440.2
6	6.	3973.9

图 6-60　各阶模态频率

6.4.9 保存与退出

Step 01 单击 Mechanical 界面右上角的"关闭"按钮，退出 Mechanical，返回 Workbench 主界面。

Step 02 在 Workbench 主界面中单击"常用"工具栏的"保存"按钮，保存文件为 model_compression. wbpj。

Step 03 单击右上角的"关闭"按钮，退出 Workbench 主界面，完成项目分析。

6.5 本章小结

本章通过简单的例子介绍了模态分析的方法及操作过程，读者完成本章的实例后，应该熟练掌握零件模态分析的基本方法，了解模态分析的应用。

另外，请读者参考帮助文档，对含有阻尼系数的零件进行模态分析，并对比分析有无阻尼系数对零件变形的影响。

第 7 章

谐响应分析

本章将对 ANSYS Workbench 软件的谐响应分析模块进行讲解，并通过典型应用对其一般步骤进行详细讲解，包括几何建模（外部几何数据的导入）、材料赋予、网格设置与划分、边界条件的设定和后处理操作。

学习目标 \ 知识点	了 解	理 解	应 用	实 践
谐响应分析应用	√			
谐响应分析的意义		√	√	√
ANSYS Workbench 谐响应分析		√	√	√
ANSYS Workbench 谐响应分析设置			√	√
ANSYS Workbench 材料赋予			√	√
ANSYS Workbench 谐响应后处理			√	√

7.1 谐响应分析基础

7.1.1 谐响应分析简介

谐响应分析也称为频率响应分析或者频率扫描（扫频）分析，用于确定结构在已知频率和幅值的正弦载荷作用下的稳态响应。

如图 7-1 所示，谐响应分析是一种时域分析，计算结构响应的时间历程，但是局限于载荷是简谐变化的情况，只计算结构的稳态受迫振动，而不考虑激励开始时的瞬态振动。

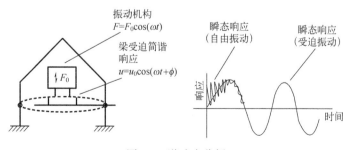

图 7-1　谐响应分析

谐响应分析可以进行扫频分析，分析结构在不同频率和幅值的简谐载荷作用下的响应，从而探测共振，指导设计人员避免结构发生共振（例如，借助阻尼器来避免共振），确保一个给定的结构能够经受住不同频率的各种简谐载荷（例如，以不同速度转动的发动机）。

谐响应分析的应用非常广泛，例如，旋转机械的偏心转动力将产生简谐载荷，因此旋转设备（如压缩机、发动机、泵、涡轮机械等）的支座、固定装置和部件等经常需要应用谐响应分析来分析它们在各种不同频率和幅值偏心简谐载荷作用下的刚强度。另外，流体的漩涡运动也会产生简谐载荷，谐响应分析也经常用于分析受涡流影响的结构，如涡轮叶片、飞机机翼、桥、塔等。

7.1.2 谐响应分析的载荷与输出

谐响应分析的载荷是随时间呈正弦变化的简谐载荷，这种类型的载荷可以用频率和幅值来描述。谐响应分析可以同时计算一系列不同频率和幅值的载荷引起的结构响应，这就是所谓的扫频分析。

简谐载荷可以是加速度或者力，载荷可以作用于指定节点或者基础（所有约束节点），而且同时作用的多个激励载荷可以有不同的频率以及相位。

简谐载荷有两种描述方法：一种是采用频率、幅值、相位角来描述；另一种是通过频率、实部和虚部来描述。

谐响应分析的计算结果包括结构任意点的位移或应力的实部、虚部、幅值以及等值图，实部和虚部反映了结构响应的相位角，如果定义了非零的阻尼，则响应会与输入载荷之间有相位差。

7.1.3 谐响应分析通用方程

由经典力学理论可知，物体的动力学通用方程为

$$Mx'' + Cx' + Kx = F(t) \qquad (7\text{-}1)$$

式中，M 是质量矩阵；C 是阻尼矩阵；K 是刚度矩阵；x 是位移矢量；$F(t)$ 是力矢量；x' 是速度矢量；x'' 是加速度矢量。

而谐响应分析中，$F = F_0 \cos(\omega t)$。

7.2 实例 1：梁单元谐响应分析

扫码看视频

本节主要介绍 ANSYS Workbench 的谐响应分析模块，对梁单元模型进行谐响应分析。
学习目标：熟练掌握 ANSYS Workbench 谐响应分析的方法及过程。

模型文件	网盘 \ Chapter07 \ char07-1 \ beam. agdb
结果文件	网盘 \ Chapter07 \ char07-1 \ beam_Response. wbpj

7.2.1 问题描述

梁单元模型如图 7-2 所示，计算两个简谐力作用下的梁单元响应。

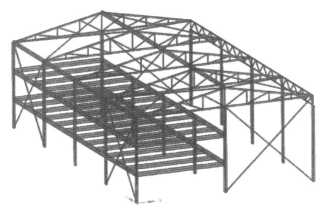

图 7-2　梁单元模型

7.2.2　建立分析项目

Step 01 启动 ANSYS Workbench，进入主界面。

Step 02 在项目原理图中创建图 7-3 所示分析项目。

Step 03 右击项目 A 中的 A2 "几何结构"，在弹出的快捷菜单中选择 "导入几何模型"，并选中 beam. agdb，并双击 A2 "几何结构"，此时会加载 DesignModeler 平台。几何模型如图 7-4 所示。

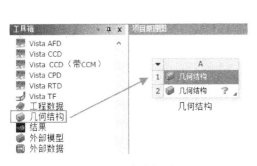

图 7-3　新建分析项目

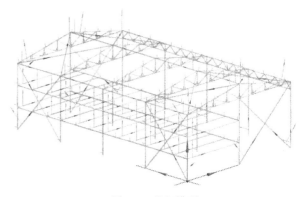

图 7-4　几何模型

Step 04 单击 "关闭" 按钮关闭 DesignModeler 平台。

7.2.3　创建模态分析项目

Step 01 将工具箱中的 "模态" 直接拖到项目 A2 "几何结构" 中。

Step 02 如图 7-5 所示，此时项目 A 的几何数据将共享在项目 B 中。

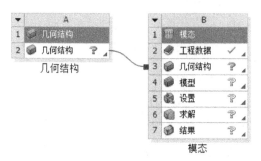

图 7-5　创建模态分析项目并共享数据

7.2.4　材料选择

双击项目 B 中的 B2"工程数据"，进入图 7-6 所示的"B2：工程数据"窗口，材料为结构钢，因此不需要修改材料信息。

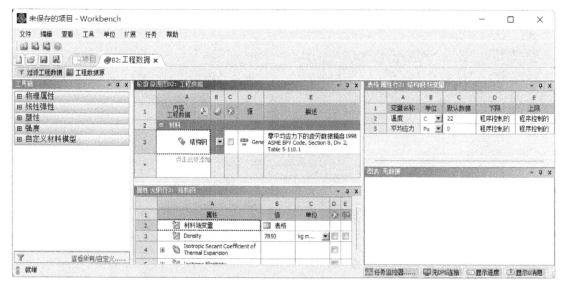

图 7-6　材料选择

7.2.5　施加载荷与约束

Step 01 此时双击项目 B 中的 B4"模型"栏，进入图 7-7 所示的"B：模态-Mechanical"界面，在该界面下即可进行网格划分、分析设置、结果观察等操作。

Step 02 选择"模型（B4）"→"网格"节点，如图 7-8 所示，在出现的"网格"详细信息面板中，"单元尺寸"设为 1.0m。

Step 03 右击"网格"节点，在弹出的快捷菜单中选择"生成网格"命令，划分网格。划分完的网格模型如图 7-9 所示。

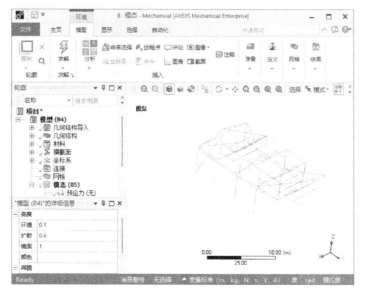

图 7-7 "B：模态-Mechanical"界面

图 7-8 网格设置

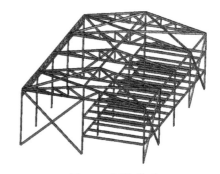

图 7-9 网格模型

Step 04 选择"模型（B4）"→"模态（B5）"选项。

Step 05 选择"环境"工具栏的"结构"→"固定的"命令，此时在模型树中会出现"固定支撑"节点，如图 7-10 所示。

Step 06 选中"固定支撑"节点，选择固定梁单元的 15 个节点，如图 7-11 所示。

图 7-10 添加固定约束

图 7-11 约束固定节点

7.2.6　模态求解

Step 01　选择"模型（B4）"→"求解（B6）"节点。

Step 02　选择"求解"工具栏的"变形"→"总计"命令，如图 7-12 所示，此时在模型树中会出现"总变形"节点。按<F2>快捷键，将其更名为"总变形 1"，并在其详细信息面板中设置"模式"为 1，如图 7-13 所示。

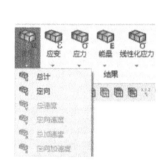

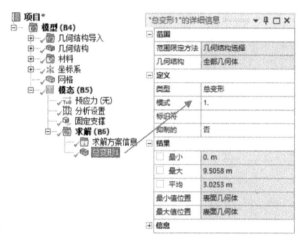

图 7-12　添加总变形　　　　　　　　　　图 7-13　"总变形 1"详细信息面板

Step 03　利用同样的方法添加其他的模态求解项，"总变形 2"对应二阶模态，"总变形 3"对应三阶模态，依次类推，最终模型树如图 7-14 所示。

Step 04　右击模型树中的"求解（B6）"节点，在弹出的快捷菜单中选择 "求解"命令进行求解。

Step 05　选择"模型（B4）"→"求解（B6）"→"总变形 1"节点，此时会出现图 7-15 所示的一阶模态总变形云图。

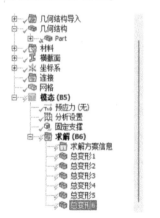

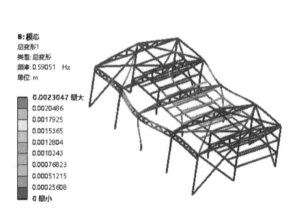

图 7-14　最终模型树　　　　　　　　　　图 7-15　一阶模态总变形云图

Step 06　利用同样的方法可以观察其他各阶模态的分析结果，如图 7-16~图 7-20 所示。

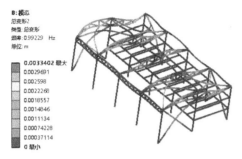

图 7-16　二阶模态总变形云图

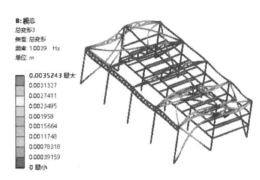

图 7-17　三阶模态总变形云图

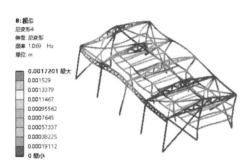

图 7-18　四阶模态总变形云图

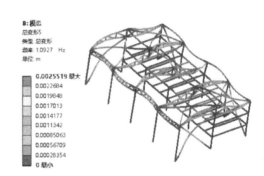

图 7-19　五阶模态总变形云图

Step 07 前六阶固有频率如图 7-21 所示。

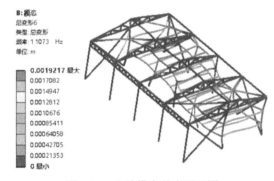

图 7-20　六阶模态总变形云图

模式		频率 [
1	1.	0.59051
2	2.	0.99229
3	3.	1.0039
4	4.	1.069
5	5.	1.0927
6	6.	1.1073

图 7-21　前六阶固有频率

Step 08 单击"关闭"按钮关闭 Mechanical 界面。

7.2.7　创建谐响应分析项目

Step 01 如图 7-22 所示，将工具箱中的"谐波响应"直接拖到项目 B（模态分析）的 B6 "求解"栏。

Step 02 此时项目 B 的所有前处理数据已经全部导入项目 C 中，双击项目 C 中的 C5"设置" 栏即可直接进入 Mechanical 界面。

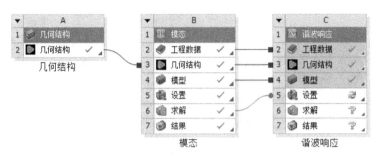

图 7-22　创建谐响应分析项目

7.2.8　施加载荷与约束

Step 01 双击主界面项目管理图项目 C 中的 C5"设置"栏，进入图 7-23 所示的 Mechanical 界面，在该界面下即可进行网格划分、分析设置、结果观察等操作。

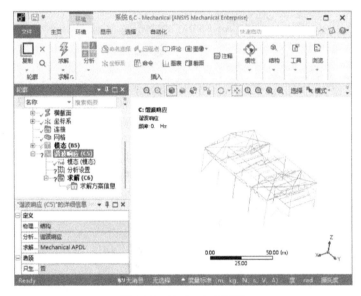

图 7-23　Mechanical 界面

Step 02 右击模型树中的"模态（B5）"节点，在弹出的快捷菜单中选择 "求解"命令。

Step 03 如图 7-24 所示，单击"模型（B4，C4）"→"谐波响应（C5）"→"分析设置"节点，在下面出现的"分析设置"详细信息面板中进行更改。在"范围最小"栏输入 0Hz，在"范围最大"栏输入 1.5Hz，在"求解方案间隔"栏输入 10。

Step 04 选择 Mechanical 界面左侧的"模型（B4，C4）"→"谐波响应（C5）"节点。如图 7-25 所示，选择"环境"工具栏的"结构"→"力"命令，此时在模型树中会出现"力"节点。

Step 05 如图 7-26 所示，选中"力"节点，在"力"详细信息面板中，"范围"→"几何结构"栏选择一个顶点，在"定义依据"栏选择"分量"选项，在"Z 分量"栏输入-25000N，各相角均为 0°，完成力的设置。

图 7-24 频率设定

图 7-25 施加外力

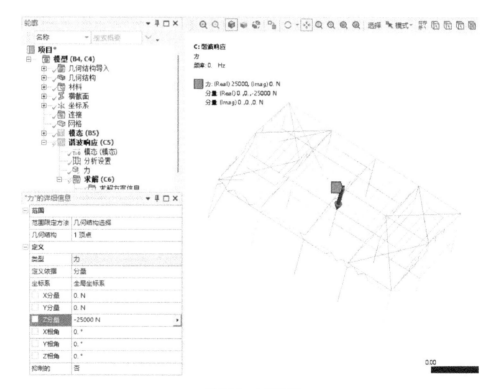

图 7-26 力的设定

7.2.9 结果后处理

Step 01 右击模型树中的"求解（C6）"节点，在弹出的快捷菜单中选择"插入"→"变形"→"总计"命令，如图 7-27 所示，在后处理器中添加总变形（位移响应）。

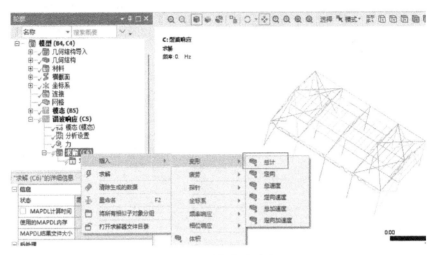

图 7-27　添加位移响应

Step 02 右击模型树中的"求解（C6）"节点，在弹出的快捷菜单中选择"插入"→"频率响应"→"变形"命令，如图 7-28 所示。

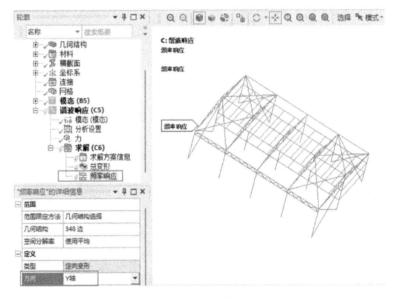

图 7-28　添加频率响应

- 在"几何结构"栏保证所有梁单元被选中。
- 在"方向"栏选择"Y 轴"选项，其余使用默认设置即可。

Step 03 右击模型树中的"求解（C6）"节点，在弹出的快捷菜单中选择"插入"→"相位响应"→"变形"命令，如图 7-29 所示。

- 在"几何结构"栏保证所有梁单元被选中。
- 在"频率"栏输入 0.5Hz，其余使用默认设置即可。

Step 04 右击"求解（C6）"节点，在弹出的快捷菜单中选择"求解"命令。

图 7-30 所示为频率 1.5Hz、相角 0°时的位移响应云图。

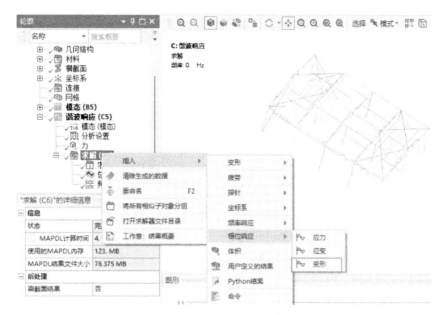

图 7-29　添加相位响应

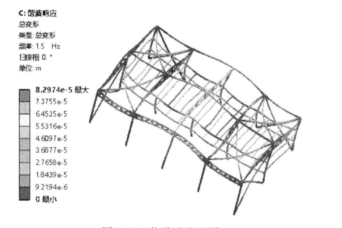

图 7-30　位移响应云图

图 7-31 所示为节点随频率变化的曲线。

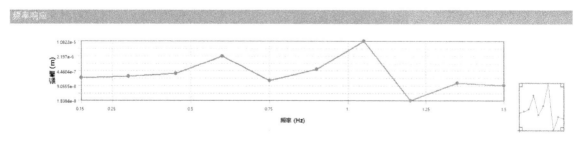

图 7-31　变化曲线

图 7-32 所示为梁单元各阶响应频率。

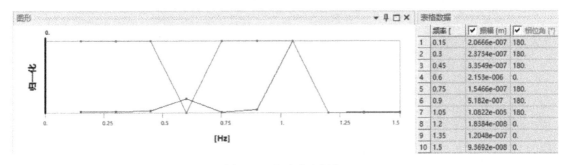

图 7-32　各阶响应频率

图 7-33 所示为梁单元各阶响应角及变形。

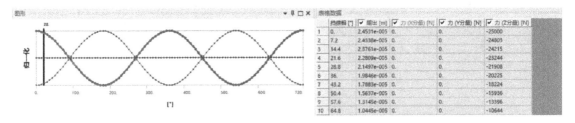

图 7-33　各阶响应角及变形

7. 2. 10　保存与退出

Step 01 单击 Mechanical 界面右上角的"关闭"按钮，退出 Mechanical，返回 Workbench 主界面。此时主界面项目管理图中显示的分析项目均已完成。

Step 02 在 Workbench 主界面单击"常用"工具栏的"保存"按钮，文件名为 beam_Response，保存文件。

Step 03 单击右上角的"关闭"按钮，退出 Workbench 主界面，完成项目分析。

7.3　实例 2：实体单元谐响应分析

扫码看视频

本节主要介绍 ANSYS Workbench 的谐响应分析模块，对实体单元模型进行谐响应分析。

学习目标：熟练掌握 ANSYS Workbench 谐响应分析的方法及过程。

模型文件	网盘 \ Chapter07 \ char07-2 \ solid. agdb
结果文件	网盘 \ Chapter07 \ char07-2 \ Response. wbpj

7. 3. 1　问题描述

实体模型如图 7-34 所示，计算一端有力作用时的实体结构响应。

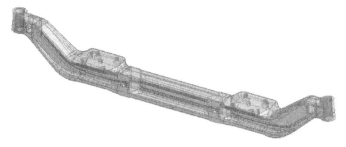

图 7-34 实体模型

7.3.2 建立分析项目并导入几何模型

Step 01 启动 ANSYS Workbench，进入主界面。

Step 02 在项目原理图中创建图 7-35 所示分析项目。

Step 03 如图 7-36 所示，右击 A3 栏，在弹出的快捷菜单中选择"导入几何模型"→"浏览"命令，在弹出的"打开"对话框中选择文件名为 solid. agdb 的几何文件，然后单击"打开"按钮。

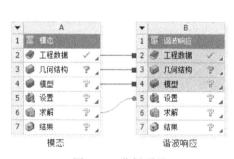

图 7-35 分析项目

图 7-36 导入几何模型

7.3.3 材料选择

Step 01 双击项目 A 中的 A2"工程数据"项，进入图 7-37 所示的材料参数设置界面。

Step 02 在界面的空白处右击，在弹出的快捷菜单中选择"工程数据源"，此时的界面会变为图 7-38 所示。

Step 03 在"工程数据源"表中选择 A4 栏"一般材料"，然后单击"轮廓 General Materials"表中 A11 栏"铝合金"后 B11 栏的 ⊕ （添加）按钮，此时在 C11 栏会显示 ◈ （使用中的）标识，如图 7-39 所示，表示材料添加成功。

Step 04 在界面的空白处右击，在弹出的快捷菜单中取消选择"工程数据源"，返回初始界面。

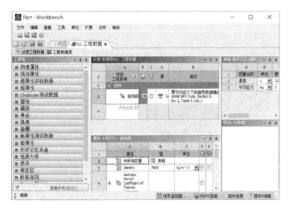

图 7-37　材料参数设置界面 1

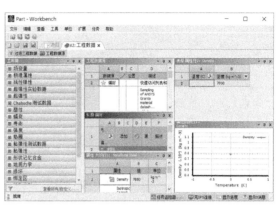

图 7-38　材料参数设置界面 2

图 7-39　添加材料

7.3.4　施加载荷与约束

Step 01 此时双击项目 A 中的 A4 "模型"，进入图 7-40 所示 Mechanical 界面，在该界面下即可进行网格划分、分析设置、结果观察等操作。

Step 02 如图 7-41 所示，在模型树中选择 "模型（A4，B4）" → "几何结构" → "solid"节点，在下面出现的 "solid"详细信息面板中，"材料" → "任务" 栏选择 "铝合金"选项。

Step 03 选择 Mechanical 界面左侧的 "模型（A4，B4）" → "网格" 节点，如图 7-42 所示，在出现的 "网格"详细信息面板中，"单元尺寸" 设为 0.1m。

Step 04 右击 "网格" 节点，在弹出的快捷菜单中选择 "生成网格" 命令，划分网格。划分完的网格模型如图 7-43 所示。

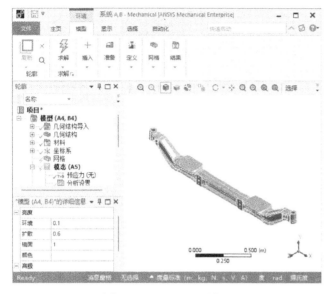

图 7-40　Mechanical 界面　　　　　　　　图 7-41　选择材料

图 7-42　网格设置

图 7-43　网格模型

Step 05 固定实体两侧的圆柱孔如图 7-44 所示。

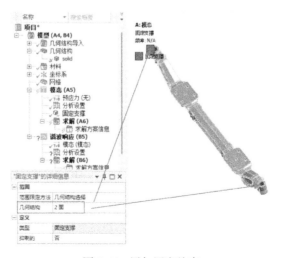

图 7-44　添加固定约束

7.3.5 模态求解

Step 01 右击"求解（A5）"节点，如图 7-45 所示，在弹出的快捷菜单中依次选择"插入"→"变形"→"总计"命令。

Step 02 右击"求解（A6）"节点，在弹出的快捷菜单中选择"求解"命令，进行模态分析，此时默认的阶数为六阶。

Step 03 计算完成后，选择"总变形"节点，此时在图形操作区显示总变形云图，如图 7-46 所示。在下面的"总变形"详细信息面板中，"模式"栏的数值为 1，表示是第一阶模态的位移响应。

图 7-45　添加总变形

Step 04 前六阶固有频率如图 7-47 所示。

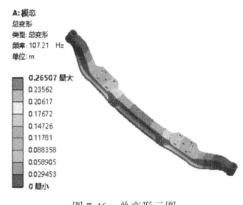

图 7-46　总变形云图

图 7-47　前六阶固有频率

Step 05 如图 7-48 所示，选中图表中的所有模态柱状图，右击，在弹出的快捷菜单中选择"创建模型形状结果"命令。

Step 06 如图 7-49 所示，此时在"求解（A6）"节点下面自动创建了 6 个后处理选项，分别显示不同频率下的总变形。

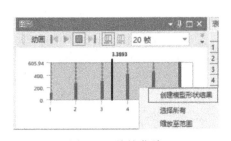

图 7-48　快捷菜单

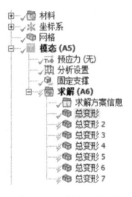

图 7-49　后处理选项

Step 07 计算完成后的各阶模态总变形云图如图 7-50 所示。

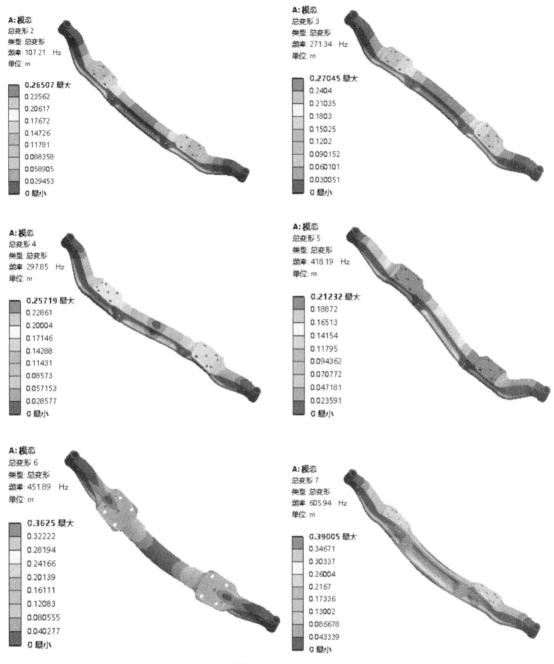

图 7-50　各阶模态总变形云图（一阶~六阶）

Step 08 单击"关闭"按钮关闭 Mechanical 界面。

7.3.6　谐响应分析

Step 01 单击"谐波响应（B5）"节点，此时可以进行谐响应分析的设定和求解。

Step 02 如图 7-51 所示，单击模型树中的"谐波响应（B5）"→"分析设置"节点，在下面出现的"分析设置"详细信息面板中进行更改。在"范围最小"栏输入 0Hz，在"范围最大"栏输入 400Hz，在"求解方案间隔"栏输入 10。

注意："范围最大"中输入的最大值应该是模态计算出来的最大值（即第六阶自振频率）的 2/3，计算出的最大自振频率为 604.54Hz，所以输入的谐响应最大频段应为 604.54/1.5＝403.03，这里输入 400 即可。如果输入的频率大于自振频率值，将会出现图 7-52 所示的警告提示。

图 7-51　频率设定

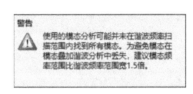

图 7-52　警告提示

Step 03 选择 Mechanical 界面左侧的"模型（A4，B4）"→"谐波响应（B5）"节点，选择"环境"工具栏的"结构"→"力"命令，此时在模型树中会出现"力"节点，如图 7-53 所示。

Step 04 如图 7-54 所示，选中"力"节点，在"力"的详细信息面板中，"范围"→"几何结构"栏选择两个面，"定义依据"栏选择"分量"选项，在"Y 分量"栏输入−2000N，相角均为 0°，完成力的设置。

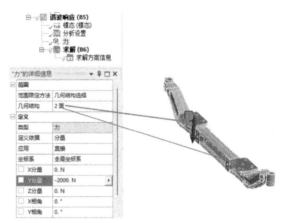

图 7-53　添加力

图 7-54　力载荷参数设置

7.3.7　结果后处理

Step 01 右击模型树中的"求解（B6）"节点，在弹出的快捷菜单中选择"插入"→"变形"→"总计"命令，在后处理器中添加总变形（位移响应），如图 7-55 所示。

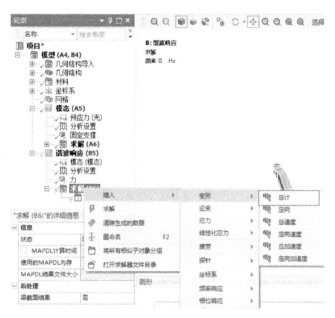

图 7-55　添加位移响应

Step 02 右击模型树中的"求解（B6）"节点，在弹出的快捷菜单中选择"插入"→"频率响应"→"变形"命令，如图 7-56 所示。
- 在"几何结构"栏选择几何体。
- 在"方向"栏选择"Y 轴"选项，其余使用默认设置即可。

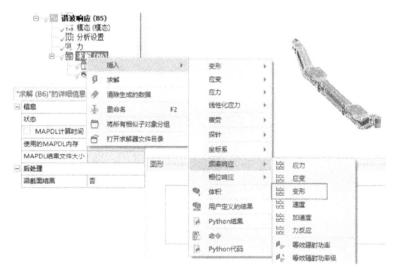

图 7-56　添加频率响应

Step 03 右击"求解（B6）"节点，在弹出的快捷菜单中选择"求解"命令。

图 7-57 所示为频率 400Hz、相角 0°时的位移响应云图。图 7-58 所示的几何体随频率变化的曲线。图 7-59 所示为单元各阶响应频率。

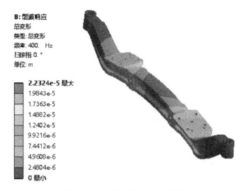

图 7-57 位移响应云图

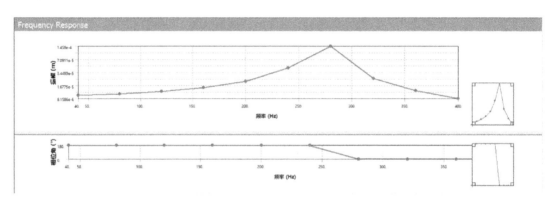

图 7-58 几何体随频率变化的曲线

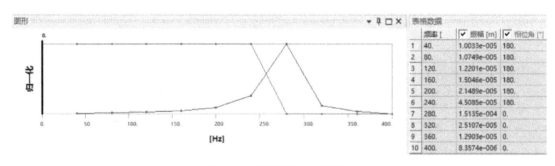

图 7-59 单元各阶响应频率

7.3.8 保存与退出

Step 01 单击 Mechanical 界面右上角的"关闭"按钮，退出 Mechanical，返回 Workbench 主界面。此时主界面中的项目管理图中显示的分析项目均已完成。

Step 02 在 Workbench 主界面中单击"常用"工具栏的"保存"按钮，文件名为 Response，保存文件。

Step 03 单击右上角的"关闭"按钮，退出 Workbench 主界面，完成项目分析。

7.4 实例 3：含阻尼谐响应分析

本节主要介绍 ANSYS Workbench 的谐响应分析模块，对实体单元模型进行含阻尼的谐响应分析。

学习目标：熟练掌握 ANSYS Workbench 谐响应分析的方法及过程。

模型文件	无
结果文件	网盘 \ Chapter07 \ char07-3 \ Response_Damp. wbpj

Step 01 如图 7-60 所示，单击模型树中的"谐波响应（B5）"→"分析设置"节点，在下面出现的"分析设置"详细信息面板中进行更改，将"阻尼比率"设为 2e-002。

Step 02 重新计算。图 7-61 所示为频率 400Hz、相角 0°时的位移响应云图。图 7-62 所示为几何体随频率变化的曲线。图 7-63 所示为单元各阶响应频率。

图 7-60 频率设定

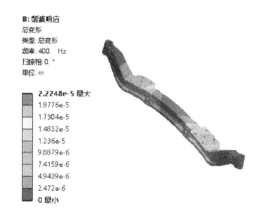

图 7-61 位移响应云图

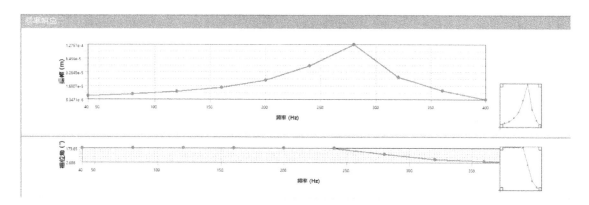

图 7-62 几何体随频率变化的曲线

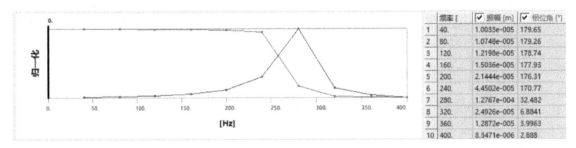

图 7-63　单元各阶响应频率

7.5　本章小结

　　本章对谐响应分析的操作方法进行了简单介绍，读者通过实例的学习，能够学会如何进行谐响应分析以正确判断共振的发生。

第8章

响应谱分析

本章将对 ANSYS Workbench 软件的响应谱分析模块进行讲解，并通过典型应用对其一般步骤进行详细介绍，包括几何建模（外部几何数据的导入）、材料赋予、网格设置与划分、边界条件的设定和后处理操作等。

知识点 \ 学习目标	了　解	理　解	应　用	实　践
响应谱分析应用	√			
响应谱分析的意义		√	√	√
ANSYS Workbench 响应谱分析		√	√	√
ANSYS Workbench 响应谱分析设置			√	√
ANSYS Workbench 材料赋予			√	√
ANSYS Workbench 响应谱后处理			√	√

8.1　响应谱分析简介

响应谱分析是一种频域分析，其输入为振动载荷的频谱，如地震响应谱。常用的频谱是加速度频谱，也可以是速度频谱、位移频谱等。响应谱分析从频域的角度计算结构的峰值响应。

载荷频谱被定义为响应幅值与频率的关系曲线，响应谱分析计算结构各阶振型在给定载荷频谱下的最大响应，这一最大响应是响应系数和振型的乘积，这些振型最大响应组合在一起就给出了结构的总体响应。因此，响应谱分析需要首先计算结构的固有频率和振型，必须在模态分析之后进行。

响应谱分析的一个替代方法是瞬态分析，瞬态分析可以得到结构随时间变化的响应，当然也可以得到结构的峰值响应。瞬态分析结果更精确，但需要花费更多的时间。响应谱分析忽略了一些信息（如相位、时间历程等），但能快速找到结构的最大响应，满足很多动力学设计的要求。

响应谱分析应用非常广泛，最典型的应用是土木行业的地震响应谱分析，它是地震分析的标准分析方法，被应用到各种结构的地震分析中，如核电站、大坝、建筑、桥梁等。任何受到地震或者其他振动载荷作用的结构或部件都可以用响应谱分析来进行校核。

8.1.1　频谱的定义

频谱是用来描述理想化振动系统在振动载荷激励作用下响应的曲线，通常为位移或者加速度响应，也称为响应谱。

频谱是许多单自由度系统在给定激励下响应最大值的包络线，响应谱分析的频谱数据包括频谱曲线和激励方向。

可以通过图 8-1 来进一步说明，考虑安装于振动台的 4 个单自由度弹簧质量系统，频率分别为 f_1、f_2、f_3、f_4，且有 $f_1 < f_2 < f_3 < f_4$。给振动台施加一种振动载荷激励，记录每个单自由度系统的最大响应 u，则可以得到 u-f 关系曲线，如图 8-2 所示，此曲线就是给定激励的频谱（响应谱）曲线。

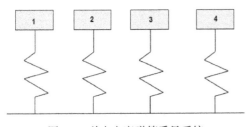

图 8-1　单自由度弹簧质量系统

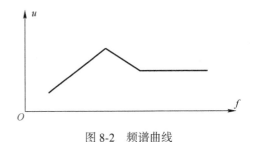

图 8-2　频谱曲线

频率和周期具有倒数关系，频谱通常以响应值-周期的关系曲线给出。

8.1.2　响应谱分析的基本概念

响应谱分析首先要进行模态分析，模态分析提取主要被激活振型的频率和振型，提取的频率应该位于频谱曲线频率范围内。

为了保证计算过程能够考虑所有影响显著的振型，通常频谱曲线频率范围不应太小，应该一直延伸到谱值较小的区域，模态分析提取的频率也应该延伸到谱值较小的频率区（但仍然位于频谱曲线范围内）。

谱分析（除了响应谱分析以外，还有随机振动分析）涉及以下几个概念：参与系数、模态系数、模态有效质量、模态组合。程序内部会计算这些系数或进行相应的操作，用户并不需要直接面对这些概念，但了解这些概念有助于更好地理解谱分析。

1. 参与系数

参与系数用于衡量模态振型在激励方向上对变形的影响程度（进而影响应力），它是振型和激励方向的函数，对于结构的每一阶模态 i，程序需要计算该模态在激励方向上的参与系数 γ_i。

参与系数的计算公式如下：

$$\gamma_i = \boldsymbol{u}_i^{\mathrm{T}} \boldsymbol{M} \boldsymbol{D} \tag{8-1}$$

式中，$\boldsymbol{u}_i$ 是第 i 阶模态按照公式 $\boldsymbol{u}_i^{\mathrm{T}} \boldsymbol{M} \boldsymbol{u} = 1$ 归一化的振型位移向量；$\boldsymbol{M}$ 为质量矩阵；$\boldsymbol{D}$ 为描述激励方向的向量。

参与系数的物理意义很好理解。如图 8-3 所示的悬臂梁，若在 Y 方向施加激励，则模态 1 的参与系数最大，模态 2 的参与系数次之，模态 3 的参与系数为 0；若在 X 方向施加激励，则模态 1 和模态 2 的参与系数都为 0，模态 3 的参与系数反而最大。

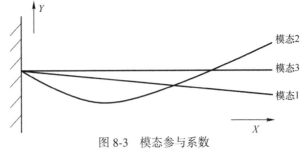

图 8-3　模态参与系数

2. 模态系数

模态系数是与振型相乘的一个比例因子，由两者的乘积可以得到模态最大响应。

根据频谱类型的不同，模态系数的计算公式不同。模态 i 在位移频谱、速度频谱、加速度频谱下的模态系数 A_i 计算公式依次为

$$A_i = S_{ui}\gamma_i \tag{8-2}$$

$$A_i = \frac{S_{vi}\gamma_i}{\omega_i} \tag{8-3}$$

$$A_i = \frac{S_{ai}\gamma_i}{\omega_i^2} \tag{8-4}$$

式中，S_{ui}、S_{vi}、S_{ai} 分别为第 i 阶模态频率对应的位移频谱、速度频谱、加速度频谱值；ω_i 为第 i 阶模态的圆频率；γ_i 为模态参与系数。

模态的最大位移响应可计算如下：

$$u_{imax} = A_i u_i \tag{8-5}$$

3. 模态有效质量

模态 i 的有效质量可计算如下：

$$M_{ei} = \frac{\gamma_i^2}{u_i^{\mathrm{T}} M u_i} \tag{8-6}$$

由于模态位移满足质量归一化条件 $u_i^{\mathrm{T}} M u = 1$，因此 $M_{ei} = \gamma_i^2$。

4. 模态组合

得到每个模态在给定频谱下的最大响应后，将这些响应以某种方式进行组合，就可以得到总的响应。

ANSYS Workbench 软件提供了 3 种模态组合方法：SRSS（平方根法）、CQC（完全平方组合法）、ROSE（倍和组合法），这 3 种组合方式的公式依次为

$$R = \left(\sum_{i=1}^{N} R_i^2 \right)^{\frac{1}{2}} \tag{8-7}$$

$$R = \left(\left| \sum_{i=1}^{N} \sum_{j=1}^{N} k\varepsilon_{ij} R_i R_j \right| \right)^{\frac{1}{2}} \tag{8-8}$$

$$R = \left(\sum_{i=1}^{N} \sum_{j=1}^{N} k\varepsilon_{ij} R_i R_j \right)^{\frac{1}{2}} \tag{8-9}$$

扫码看视频

8.2 实例 1：简单梁响应谱分析

本节主要介绍 ANSYS Workbench 的响应谱分析模块，计算简单梁单元模型在给定加速度频谱下的结构响应。

学习目标：熟练掌握 ANSYS Workbench 响应谱分析的方法及过程。

模型文件	网盘 \ Chapter08 \ char08-1 \ simple_Beam. agdb
结果文件	网盘 \ Chapter08 \ char08-1 \ simple_Beam. wbpj

8.2.1 问题描述

梁单元模型如图 8-4 所示，请用 ANSYS Workbench 分析梁单元在给定加速度频谱下的响应情

况。加速度频谱数据见表 8-1。

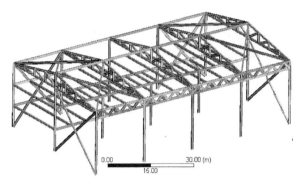

图 8-4 梁单元模型

表 8-1 加速度频谱数据

自振周期/s	振动频率/Hz	水平地震频谱值	自振周期/s	振动频率/Hz	水平地震频谱值
0.10	0.002	1.00	0.070	8.67	0.200
0.11	0.003	1.11	0.088	10.00	0.165
0.13	0.003	1.25	0.105	11.11	0.153
0.14	0.005	1.43	0.110	12.50	0.140
0.17	0.006	1.67	0.130	14.29	0.131
0.20	0.006	2.00	0.150	18.67	0.121
0.25	0.010	2.50	0.200	19.00	0.111
0.33	0.021	3.33	0.255	25.00	0.100
0.50	0.032	4.00	0.265	50.00	0.100
0.67	0.047	5.00			

8.2.2 建立分析项目

Step 01 启动 ANSYS Workbench，进入主界面。

Step 02 在项目原理图中建立图 8-5 所示的项目分析流程。

注意：建立这样的流程目的是，先由静力学分析添加重力加速度作为内部载荷，将其结果在模态分析中作为预应力（预应力分析的详细步骤参考第 4 章的相关内容），最后进行响应谱分析。

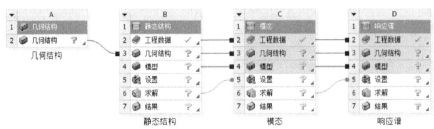

图 8-5 项目分析流程

8.2.3 导入几何模型

Step 01 在 A2 "几何结构"上右击，在弹出的快捷菜单中选择"导入几何模型"→"浏览"命令，在弹出的"打开"对话框中选择图 8-6 所示的几何文件，此时 A2 "几何结构"后的 🤔 变为 ✔，表示实体模型已经存在。

图 8-6 导入几何模型

Step 02 双击项目 A 中的 A2 "几何结构"，此时会进入 DesignModeler 界面，在 DesignModeler 图形区会显示几何模型，如图 8-7 所示。

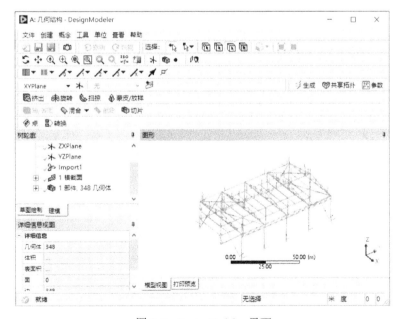

图 8-7 DesignModeler 界面

Step 03 在 DesignModeler 界面单击右上角的 "关闭" 按钮，退出 DesignModeler，返回 Workbench 主界面。

8.2.4 静力学分析

双击 B4 栏进入 Mechanical 分析平台，如图 8-8 所示。选择菜单栏的 "显示" → "横截面" 命令，显示几何模型。

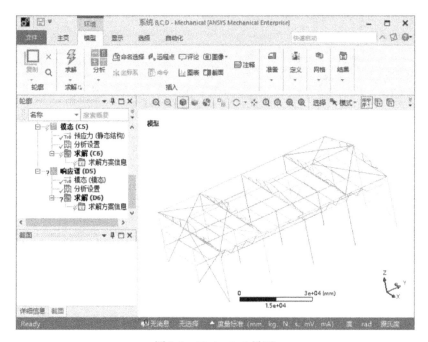

图 8-8 Mechanical 界面

8.2.5 添加材料库

本实例选择的材料为结构钢，此材料为 ANSYS Workbench 默认选中的材料，故不需要设置。

8.2.6 划分网格

Step 01 单击 "网格" 节点，然后选择 "网格" 工具栏的 "控制" → "尺寸调整" 命令，如图 8-9 所示。

Step 02 在模型树中选择 "网格" → "边缘尺寸调整" 节点，此时出现图 8-10 所示的 "边缘尺寸调整" 详细信息面板，做如下操作。

- 在 "几何结构" 栏保证所有边都被选中，此时 "几何结构" 栏显示出选中边的数量。
- 在 "类型" 栏选择 "分区数量" 选项。
- 在 "分区数量" 中输入 5，将所有梁单元划分成 5 份。

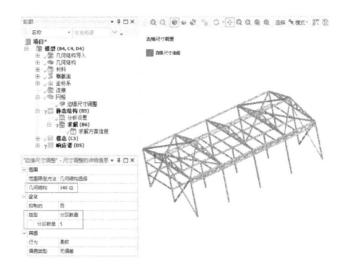

图 8-9 "尺寸调整" 命令　　　　　　　　　图 8-10 网格设置

Step 03 右击 "网格" 节点，在弹出的快捷菜单中选择 "生成网格" 命令，划分网格的几何模型如图 8-11 所示。

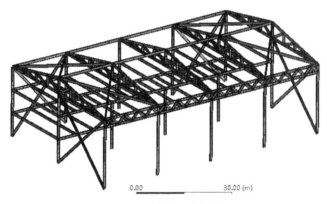

图 8-11 完成网格划分

8.2.7 施加约束

Step 01 选择 "环境" 工具栏的 "结构" → "固定的" 命令。

Step 02 单击工具栏的 ▣ （选择点）按钮，选中 "固定支撑" 节点，选择桥梁基础下端的 15 个节点，单击 "固定支撑" 详细信息面板 "几何结构" 选项中的 "应用" 按钮，即可在选中面上施加固定约束，此时在 "几何结构" 栏显示图 8-12 所示的 15 个点。

Step 03 选择 "环境" 工具栏的 "惯性" → "标准地球重力" 命令，添加图 8-13 所示的 "标准地球重力" 节点。

注意：这里的重力加速度沿 Z 轴负方向。

Step 04 右击 "静态结构（B5）" 节点，在弹出的快捷菜单中选择 "求解" 命令进行计算。

Step 05 右击 "求解（B6）" 节点，在弹出的快捷菜单中依次选择 "插入" → "变形" →

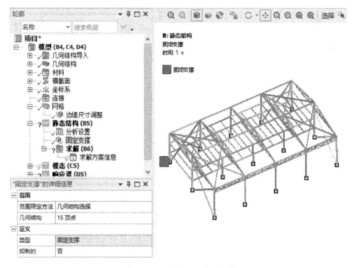

图 8-12　施加固定约束

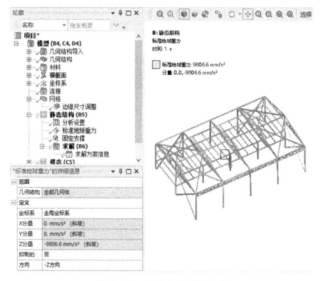

图 8-13　重力加速度效应

"总计"命令，计算之后的位移云图如图 8-14 所示。

Step 06 用同样方式添加"梁工具"节点，计算得到的云图如图 8-15～图 8-17 所示。

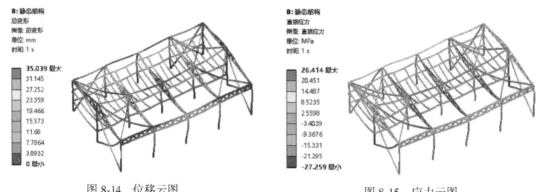

图 8-14　位移云图　　　　　　　　　　　图 8-15　应力云图

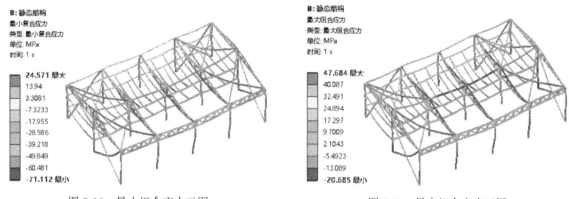

图 8-16　最小组合应力云图　　　　　　　　图 8-17　最大组合应力云图

8.2.8　模态分析

Step 01 选择 Mechanical 界面左侧的"模型（B4，C4，D4）"→"求解（C6）"节点。

Step 02 选择"求解"工具栏的"变形"→"总计"命令，如图 8-18 所示，此时在模型树中会出现"总变形"节点。按<F2>快捷键，将其更名为"总变形 1"，并在其详细信息面板中设置"模式"为 1，如图 8-19 所示。

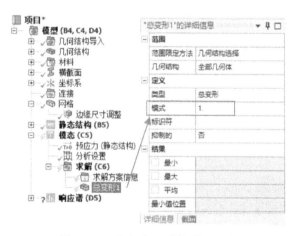

图 8-18　添加总变形　　　　　　　图 8-19　"总变形 1"详细信息面板

Step 03 利用同样的方法添加其他的模态求解项，"总变形 2"对应二阶模态，"总变形 3"对应三阶模态，依次类推至"总变形 6"。

Step 04 右击"模型（B4，C4，D4）"→"求解（B6）"节点，在弹出的快捷菜单中选择"求解"命令。

Step 05 选择"模型（B4，C4，D4）"→"求解（B6）"→"总变形 1"及"总变形 2"节点，此时会出现图 8-20 和图 8-21 所示的一阶模态总变形及二阶模态总变形云图。

Step 06 利用同样的方法可以观察其他各阶模态的分析结果，如图 8-22~图 8-25 所示。

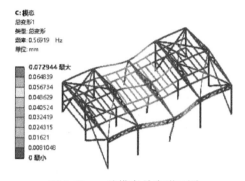

图 8-20　一阶模态总变形云图

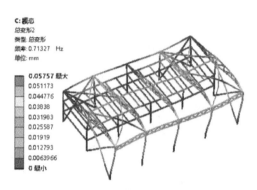

图 8-21　二阶模态总变形云图

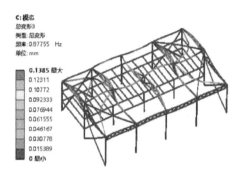

图 8-22　三阶模态总变形云图

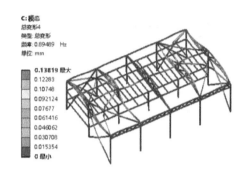

图 8-23　四阶模态总变形云图

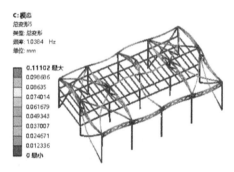

图 8-24　五阶模态总变形云图

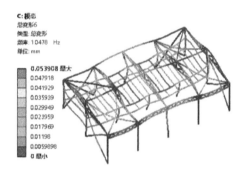

图 8-25　六阶模态总变形云图

Step 07 图 8-26 所示为桥梁前六阶模态频率。

Step 08 ANSYS Workbench 默认的模态阶数为六阶，选择"模型（B4，C4，D4）"→"模态（C5）"→"分析设置"节点，在图 8-27 所示的"分析设置"详细信息面板中有"最大模态阶数"，在该选项中可以修改模态数量。

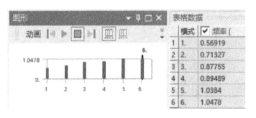

图 8-26　各阶模态频率

图 8-27　修改模态数量的选项

8.2.9 响应谱分析

Step 01 单击"响应谱（D5）"节点，进入响应谱分析项目。

Step 02 选择"环境"工具栏的"响应谱"→"RS
加速度"命令，如图 8-28 所示，此时在模型树中会出现
"RS 加速度"节点。

图 8-28 添加激励

Step 03 选择 Mechanical 界面左侧的"模型（B4，
C4，D4）"→"响应谱（D5）"→"RS 加速度"节
点，在下面出现的图 8-29 所示"RS 加速度"详细信息面
板中进行如下更改。

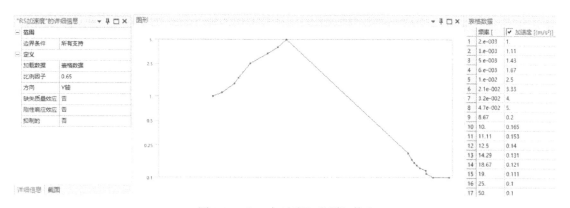

图 8-29 "RS 加速度"的详细信息

- 在"范围"→"边界条件"中选择"所有支持"选项。
- 在"定义"→"加载数据"中选择"表格数据"选项，然后在右侧的表格中输入表 8-1 中
  数据。
- 在"比例因子"处输入 0.65。
- 在"方向"栏选择"Y 轴"，其余使用默认设置即可。

Step 04 选择 Mechanical 界面左侧的"模型（B4，C4，
D4）"→"响应谱（D5）"→"求解（D6）"节点，此时会出
现"求解"工具栏。

Step 05 选择"求解"工具栏的"变形"→"定向"命令，
如图 8-30 所示，此时在模型树中会出现"定向变形"节点。

Step 06 右击"模型（B4，C4，D4）"→"响应谱
（D5）"→"求解（D6）"节点，在弹出的快捷菜单中选择
"求解"命令进行求解。

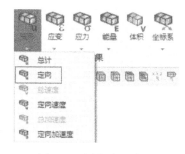

图 8-30 添加定向变形

Step 07 选择"模型（B4，C4，D4）"→"响应谱（D5）"→"求解（D6）"→"定向
变形"节点，此时会出现图 8-31 所示的定向变形分析云图。

Step 08 右击"定向变形"节点，在弹出的快捷菜单中选择"导出"→"导出文本文件"
命令，在弹出的"另存为"对话框中单击"保存"按钮，将所有节点的变形数据导出并保存，

并以默认的 Excel 打开，如图 8-32 所示。

图 8-31 定向变形分析云图

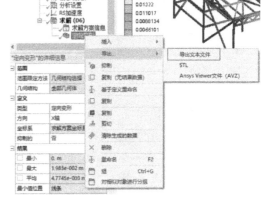

图 8-32 导出节点变形数据

注：节点数据导出后可以对数据进行后处理，这里不再赘述。

8.2.10 保存与退出

Step 01 单击 Mechanical 界面右上角的"关闭"按钮，退出 Mechanical，返回 Workbench 主界面。

Step 02 在 Workbench 主界面中单击"常用"工具栏的"保存"按钮。

Step 03 单击右上角的"关闭"按钮，退出 Workbench 主界面，完成项目分析。

扫码看视频

8.3 实例 2：简单桥梁响应谱分析

本节主要介绍 ANSYS Workbench 的响应谱分析模块，计算简单桥梁模型在给定加速度频谱下的结构响应。

学习目标：熟练掌握 ANSYS Workbench 响应谱分析的方法及过程。

模型文件	网盘 \ Chapter08 \ char08-2 \ simple_bridge. agdb
结果文件	网盘 \ Chapter08 \ char08-2 \ simple_bridge_Spectrum. wbpj

8.3.1 问题描述

桥梁模型如图 8-33 所示，请用 ANSYS Workbench 分析桥梁在给定加速度频谱下的响应情况，加速度频谱数据见表 8-2。

表 8-2 加速度频谱数据

自振周期/s	振动频率/Hz	水平地震频谱值	自振周期/s	振动频率/Hz	水平地震频谱值
0.10	0.002	1.00	0.070	6.67	0.200
0.11	0.003	1.11	0.088	10.00	0.165

（续）

自振周期/s	振动频率/Hz	水平地震频谱值	自振周期/s	振动频率/Hz	水平地震频谱值
0.13	0.003	1.25	0.105	11.11	0.153
0.14	0.005	1.43	0.110	12.50	0.140
0.17	0.006	1.67	0.130	14.29	0.131
0.20	0.006	2.00	0.150	16.67	0.121
0.25	0.010	2.50	0.200	18.00	0.111
0.33	0.021	3.33	0.255	25.00	0.100
0.50	0.032	4.00	0.265	50.00	0.100
0.67	0.047	5.00			

图 8-33　桥梁模型

8.3.2　建立分析项目

Step 01 启动 ANSYS Workbench，进入主界面。

Step 02 在项目原理图中建立图 8-34 所示的项目分析流程。

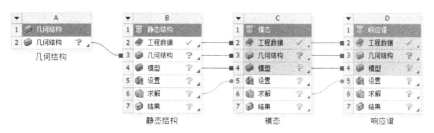

图 8-34　项目分析流程

8.3.3　导入几何模型

Step 01 在 A2 "几何结构"上右击，在弹出的快捷菜单中选择"导入几何模型"→"浏览"命令，在弹出的"打开"对话框中选择文件路径，导入 simple_bridge.agdb 几何文件，如图 8-35 所示，此时 A2 "几何结构"后的 ❓ 变为 ✔，表示实体模型已经存在。

Step 02 双击项目 A 中的 A2 "几何结构"，此时会进入 DesignModeler 界面，在 DesignModeler 图形区会显示几何模型，如图 8-36 所示。

图 8-35　导入几何模型

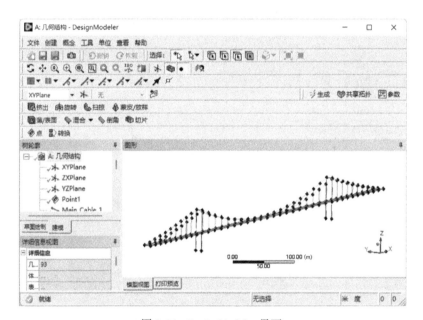

图 8-36　DesignModeler 界面

Step 03 在 DesignModeler 界面单击右上角的"关闭"按钮，退出 DesignModeler，返回 Workbench 主界面。

8.3.4　静力学分析

双击 B4 栏"模型"进入 Mechanical 分析平台，如图 8-37 所示。选择菜单栏的"显示"→"横截面"命令，显示几何模型。

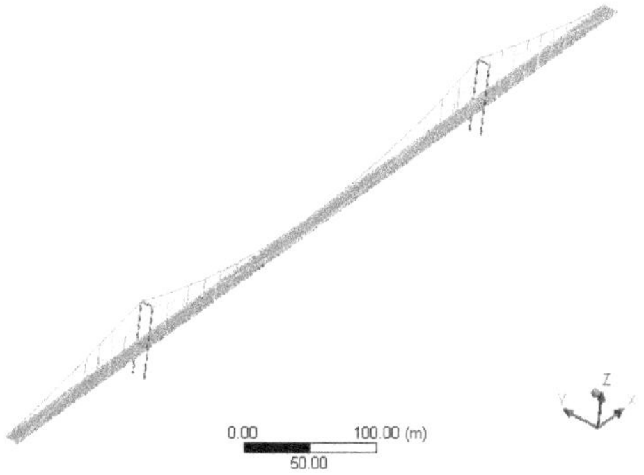

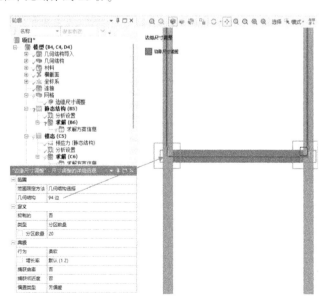

图 8-37 Mechanical 分析平台

8.3.5 添加材料库

本实例选择的材料为结构钢，此材料为 ANSYS Workbench 默认选中的材料，故不需要设置。

8.3.6 划分网格

Step 01 单击"网格"节点，然后选择"网格"工具栏的"控制"→"尺寸调整"命令，如图 8-38 所示。

Step 02 选择"网格"→"边缘尺寸调整"节点，弹出图 8-39 所示的"边缘尺寸调整"详细信息面板，做如下操作。

- 在"几何结构"栏保证所有边都被选中（通过框选的方式选取），此时"几何结构"栏显示出选中边的数量。
- 在"类型"栏选择"分区数量"选项。
- 在"分区数量"中输入 20，将所有梁单元划分成 20 份。

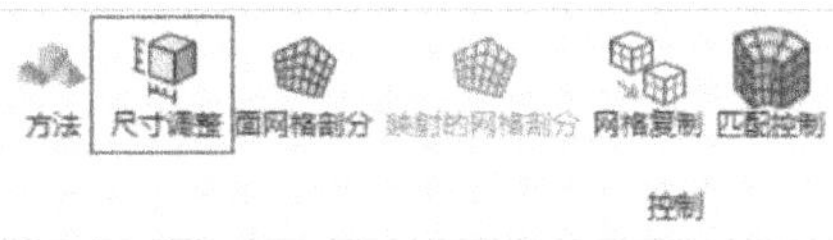

图 8-38 "尺寸调整"命令

图 8-39 网格设置

Step 03 右击"网格"节点，在弹出的快捷菜单中选择"生成网格"命令，划分网格的几何模型如图 8-40 所示。

图 8-40　完成网格划分

8.3.7　施加约束

Step 01 选择"环境"工具栏的"结构"→"固定的"命令。

Step 02 单击工具栏的 📠（选择点）按钮，选中"固定支撑"节点，选择桥梁基础下端的 4 个节点，单击"固定支撑"详细信息面板"几何结构"选项中的"应用"按钮，即可在选中点上施加固定约束，如图 8-41 所示。

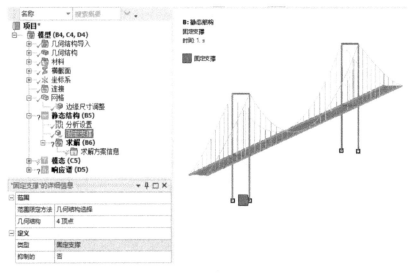

图 8-41　施加固定约束

Step 03 选择"环境"工具栏的"惯性"→"标准地球重力"命令，添加图 8-42 所示的"标准地球重力"节点。

Step 04 选择"环境"工具栏的"结构"→"位移"命令，添加图 8-43 所示的"位移"节点。将桥梁左右两侧共计 6 个梁单元的 Y 和 Z 两方向进行固定约束。

Step 05 右击"静态结构（B5）"节点，在弹出的快捷菜单中选择"求解"命令进行计算。

Step 06 右击"求解（B6）"节点，在弹出的快捷菜单中依次选择"插入"→"变形"→"总计"命令，计算之后的位移云图如图 8-44 所示。

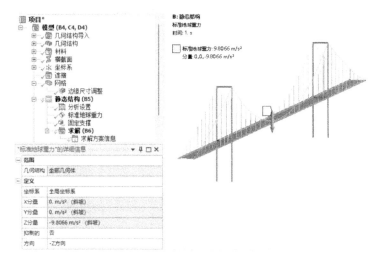

图 8-42　添加标准地球重力

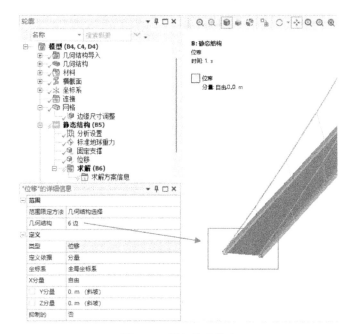

图 8-43　添加位移约束

图 8-44　位移云图

8.3.8 模态分析

Step 01 选择 Mechanical 界面左侧的"模型（B4，C4，D4）"→"求解（C6）"节点。

Step 02 选择"求解"工具栏的"变形"→"总计"命令，如图 8-45 所示，此时在模型树中会出现"总变形"节点。按<F2>快捷键，将其更名为"总变形 1"，并在其详细信息面板中设置"模式"为 1，如图 8-46 所示。

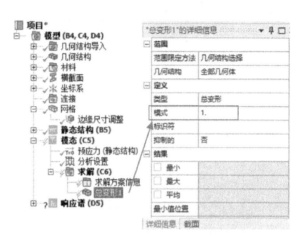

图 8-45　添加总变形　　　　　　　图 8-46　"总变形 1"详细信息面板

Step 03 利用同样的方法添加其他的模态求解项，"总变形 2"对应二阶模态，"总变形 3"对应三阶模态，依次类推至"总变形 6"。

Step 04 右击"模型（B4，C4，D4）"→"模态（C5）"→"求解（C6）"节点，在弹出的快捷菜单中选择　"求解"命令。

Step 05 选择"模型（B4，C4，D4）"→"模态（C5）"→"求解（C6）"→"总变形 1"及"总变形 2"节点，此时会出现图 8-47 和图 8-48 所示的一阶模态总变形及二阶模态总变形云图。

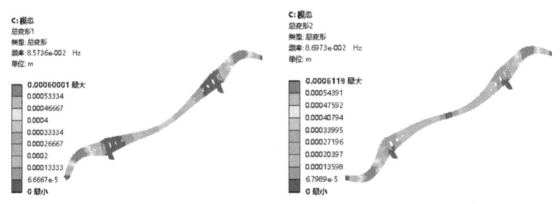

图 8-47　一阶模态总变形云图　　　　　　　图 8-48　二阶模态总变形云图

Step 06 利用同样的方法可以观察其他各阶模态的分析结果，如图 8-49~图 8-52 所示。

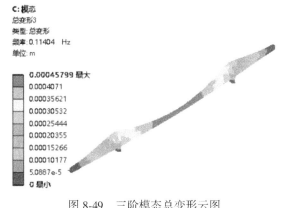

图 8-49　三阶模态总变形云图

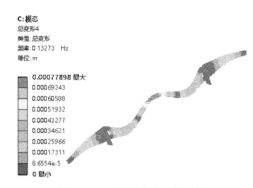

图 8-50　四阶模态总变形云图

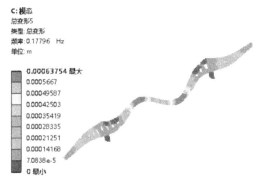

图 8-51　五阶模态总变形云图

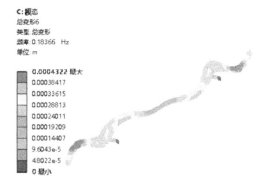

图 8-52　六阶模态总变形云图

Step 07　图 8-53 所示为桥梁前六阶模态频率。

Step 08　ANSYS Workbench 默认的模态阶数为六阶，选择"模型（B4，C4，D4）"→"模态（C5）"→"分析设置"节点，在图 8-54 所示的"分析设置"详细信息面板中有"最大模态阶数"，在此选项中可以修改模态数量。

图 8-53　各阶模态频率

图 8-54　修改模态数量的选项

8.3.9　响应谱分析

Step 01　单击"响应谱（D5）"节点，进入响应谱分析项目。

Step 02 选择"环境"工具栏的"响应谱"→"RS 加速度"命令，如图 8-55 所示，此时在模型树中会出现"RS 加速度"节点。

Step 03 选择 Mechanical 界面左侧的"模型（B4，C4，D4）"→"响应谱（D5）"→"RS 加速度"节点，在下面出现的图 8-56 所示"RS 加速度"详细信息面板中进行如下更改。

图 8-55　添加 RS 加速度

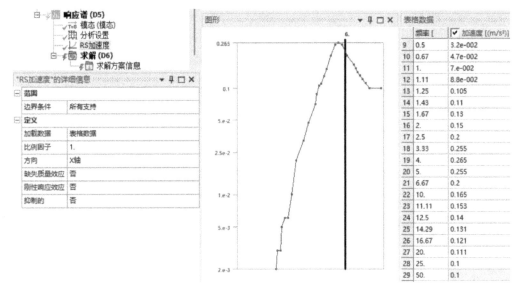

图 8-56　"RS 加速度"详细信息面板

- 在"范围"→"边界条件"中选择"所有支持"选项。
- 在"定义"→"加载数据"中选择"表格数据"选项，然后在右侧的表格中输入表 8-2 中数据。
- 在"比例因子"处输入 1。
- 在"方向"栏选择"X 轴"，其余使用默认设置即可。

Step 04 选择 Mechanical 界面左侧的"模型（B4，C4，D4）"→"响应谱（D5）"→"求解（D6）"节点，此时会出现"求解"工具栏。

Step 05 选择"求解"工具栏的"变形"→"定向"命令，如图 8-57 所示，此时在模型树中会出现"定向变形"节点。

Step 06 右击"模型（B4，C4，D4）"→"响应谱（D5）"→"求解（D6）"节点，在弹出的快捷菜单中选择 "求解"命令进行求解。

图 8-57　添加定向变形

Step 07 选择"模型（B4，C4，D4）"→"响应谱（D5）"→"求解（D6）"→"定向变形"节点，此时会出现图 8-58 所示的定向变形分析云图。

Step 08 选择"模型（B4，C4，D4）"→"响应谱（D5）"→"分析设置"节点，此时会出现图 8-59 所示的"分析设置"详细信息面板。在"模态组合类型"处，将当前默认的 SRSS

修改为 CQC，设置"阻尼比率"为 0.06，重新计算，得到变形云图如图 8-60 所示。

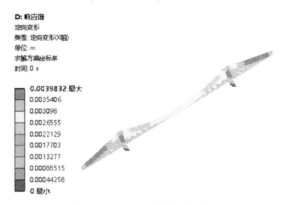

图 8-58　定向变形分析云图

图 8-59　模态组合类型和阻尼比率 1

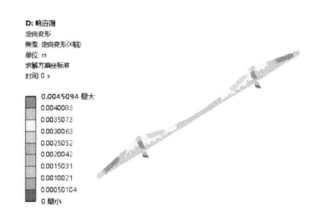

图 8-60　变形云图

Step 09 选择"模型（B4，C4，D4）"→"响应谱（D5）"→"分析设置"节点，此时会出现图 8-61 所示的"分析设置"详细信息面板。在"模态组合类型"处，将当前默认的 SRSS 修改为 ROSE，设置"阻尼比率"为 0.06，重新计算，得到变形云图如图 8-62 所示。

图 8-61　模态组合类型和阻尼比率 2

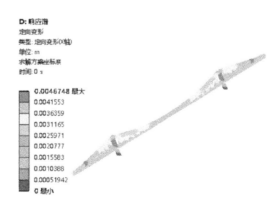

图 8-62　变形云图

8.3.10 保存与退出

Step 01 单击 Mechanical 界面右上角的"关闭"按钮，退出 Mechanical，返回 Workbench 主界面。

Step 02 在 Workbench 主界面中单击"常用"工具栏的"保存"按钮。

Step 03 单击右上角的"关闭"按钮，退出 Workbench 主界面，完成项目分析。

8.4 本章小结

本章首先介绍了响应谱分析的概念、意义等基础知识，然后通过算例对 ANSYS Workbench 响应谱分析过程进行了详细讲解，请读者在练习过程中对设置原理多加思考。

第9章

随机振动分析

本章将对 ANSYS Workbench 软件的随机振动分析模块进行讲解，并通过典型应用对其一般步骤进行详细讲解，包括几何建模（外部几何数据的导入）、材料赋予、网格设置与划分、边界条件的设定和后处理操作等。

知 识 点 \ 学 习 目 标	了　解	理　解	应　用	实　践
随机振动分析应用	√			
随机振动分析的意义		√	√	√
ANSYS Workbench 随机振动分析		√	√	√
ANSYS Workbench 随机振动分析设置			√	√
ANSYS Workbench 材料赋予			√	√
ANSYS Workbench 随机振动后处理			√	√

9.1　随机振动分析简介

随机振动分析也称为功率谱密度分析，是一种基于概率统计学理论的谱分析技术。现实中有很多情况下载荷是不确定的，如火箭每次发射都会产生不同时间历程的振动载荷，汽车在路上行驶时每次的振动载荷也会有所不同。

由于时间历程的不确定性，这种情况不能选择瞬态分析进行模拟计算，于是从概率统计学角度出发，将时间历程的统计样本转变为功率谱密度函数（PSD）——随机载荷时间历程的统计响应，然后在功率谱密度函数的基础上进行随机振动分析，得到响应的概率统计值。随机振动分析是一种频域分析，需要首先进行模态分析。

功率谱密度函数是随机变量自相关函数的频域描述，能够反映随机载荷的频率成分。设随机载荷历程为 $a(t)$，则其自相关函数可以表述为

$$R(\tau) = \lim_{\tau \to \infty} \frac{1}{T} \int_0^T a(t) a(t + \tau) \, \mathrm{d}t \tag{9-1}$$

自相关函数是一个实偶函数，它在 $R(\tau) \sim \tau$ 图形上的频率反映了随机载荷的频率成分，而且具有如下性质：$\lim\limits_{\tau \to \infty} R(\tau) = 0$，因此它符合傅里叶变换的条件：$\int_{-\infty}^{\infty} R(\tau) \mathrm{d}\tau < \infty$，可以进一步用傅里叶变换描述随机载荷的具体的频率成分：

$$R(\tau) = \int_{-\infty}^{\infty} F(f) \mathrm{e}^{2\pi/\tau} \mathrm{d}f \tag{9-2}$$

式中，f 表示圆频率，$F(f) = \int_{-\infty}^{\infty} R(\tau) e^{2\pi f \tau} d\tau$，称为 $R(\tau)$ 的傅里叶变换，也就是随机载荷 $a(t)$ 的功率谱密度函数。

功率谱密度曲线为功率谱密度值 $F(f)$ 与频率 f 的关系曲线，f 通常转化为 Hz 的形式给出。加速度 PSD 的单位是"加速度 2/Hz"，速度 PSD 的单位是"速度 2/Hz"，位移 PSD 的单位是"位移 2/Hz"。

如果 $\tau = 0$，则可得到 $R(0) = \int_{-\infty}^{\infty} F(f) df = E(a^2(t))$，这就是功率谱密度的特性：功率谱密度曲线下面的面积等于随机载荷的均方值。

结构在随机载荷的作用下其响应也是随机的，随机振动分析的结果量（位移、应力等）的概论统计值，其输出结果为结果量的标准差，如果结果量符合正态分布，则为结果量的 1σ 值，即结果量位于 $-1\sigma \sim 1\sigma$ 之间的概率为 68.3%，位于 $-2\sigma \sim 2\sigma$ 之间的概率为 99.4%，位于 $-3\sigma \sim 3\sigma$ 之间的概率为 99.7%。

进行随机振动分析首先要进行模态分析，在模态分析的基础上进行随机振动分析。

模态分析应该提取主要被激活振型的频率和振型，提取出来的频谱应该位于 PSD 曲线频率范围之内，为了保证计算考虑所有影响显著的振型，通常 PSD 曲线的频谱范围不要太小，应该一直延伸到谱值较小的区域，而且模态提取的频率也应该延伸到谱值较小的频率区（此频率区仍然位于频谱曲线范围之内）。

在随机振动分析中，载荷为 PSD 谱，作用在基础上，也就是作用在所有约束位置。

9.2 实例 1：简单梁随机振动分析

扫码看视频

本节主要介绍 ANSYS Workbench 的随机振动分析模块，进行简单梁单元模型在给定加速度频谱下的振动分析。

学习目标：熟练掌握 ANSYS Workbench 随机振动分析的方法及过程。

模型文件	网盘 \ Chapter09 \ char09-1 \ simple_Beam. agdb
结果文件	网盘 \ Chapter09 \ char09-1 \ simple_Beam_Random. wbpj

9.2.1 问题描述

模型如图 9-1 所示，请用 ANSYS Workbench 分析梁单元在给定加速度频谱下的随机振动情况，加速度谱数据见表 9-1。

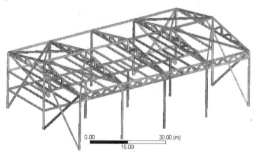

图 9-1 梁单元模型

表 9-1 加速度谱数据

自振周期/s	振动频率/Hz	水平地震谱值	自振周期/s	振动频率/Hz	水平地震谱值
0.10	0.002	1.00	0.070	8.67	0.200
0.11	0.003	1.11	0.088	10.00	0.165
0.13	0.003	1.25	0.25	0.010	2.50
0.14	0.005	1.43	0.33	0.021	3.33
0.17	0.006	1.67	0.50	0.032	4.00
0.20	0.006	2.00	0.67	0.047	5.00
0.105	11.11	0.153	0.200	19.00	0.111
0.110	12.50	0.140	0.255	25.00	0.100
0.130	14.29	0.131	0.265	50.00	0.100
0.150	18.67	0.121	0.255		

9.2.2 建立分析项目

Step 01 启动 ANSYS Workbench，进入主界面。

Step 02 在项目原理图中建立图 9-2 所示的项目分析流程。

图 9-2 创建分析流程

注意：建立这样的流程的目的是，先由静力学分析添加重力加速度作为内部载荷，将其结果在模态分析中作为预应力（预应力分析的详细步骤参考第 4 章的相关内容），最后进行随机振动分析。

9.2.3 导入几何模型

Step 01 在 A2 "几何结构" 上右击，在弹出的快捷菜单中选择 "导入几何模型" → "浏览" 命令，在弹出的 "打开" 对话框中选择图 9-3 所示的几何文件，此时 A2 "几何结构" 后的 ⁇ 变为 ✓，表示实体模型已经存在。

Step 02 双击项目 A 中的 A2 "几何结构"，此时会进入 DesignModeler 界面，在 DesignModeler 图形区域会显示几何模型，如图 9-4 所示。

Step 03 在 DesignModeler 界面单击右上角的 "关闭" 按钮，退出 DesignModeler，返回 Workbench 主界面。

图 9-3　导入几何模型

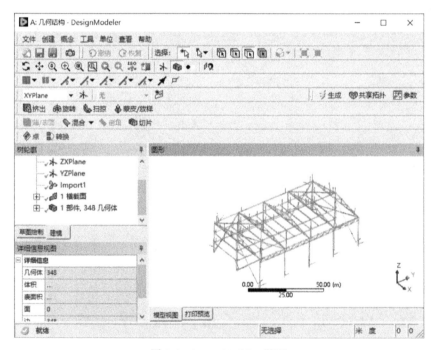

图 9-4　DesignModeler 界面

9.2.4　静力学分析

双击 B4 栏进入 Mechanical 分析平台，如图 9-5 所示。选择菜单栏的"显示"→"横截面"命令，显示几何模型。

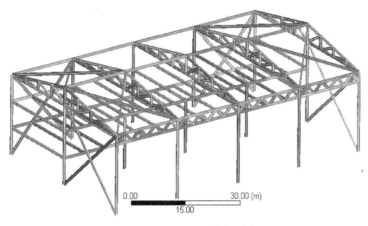

图 9-5 Mechanical 分析平台

9.2.5 添加材料库

本实例选择的材料为结构钢，是 ANSYS Workbench 默认选中的材料，故不需要设置。

9.2.6 划分网格

Step 01 选择"网格"节点，然后选择"网格"工具栏的"控制"→"尺寸调整"命令，如图 9-6 所示。

Step 02 选择"网格"→"边缘尺寸调整"命令，在图 9-7 所示的"边缘尺寸调整"详细信息面板做如下操作。

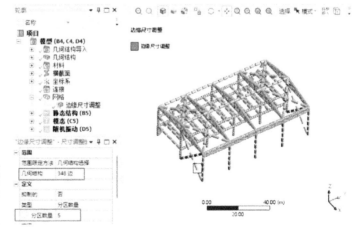

图 9-6 "尺寸调整"命令   图 9-7 网格设置

- 在"几何结构"栏保证所有边都被选中，此时"几何结构"栏显示出选中边的数量。
- 在"类型"栏选择"分区数量"选项。
- 在"分区数量"中输入 5，将所有梁单元划分成 5 份。

Step 03 右击"网格"节点，在弹出的快捷菜单中选择"生成网格"命令，划分完网格的几何模型如图 9-8 所示。

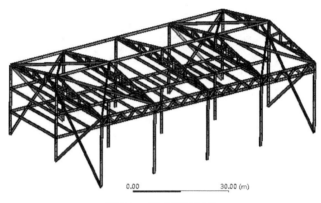

0.00   30.00 (m)

图 9-8　完成网格划分

9.2.7　施加约束

Step 01 选择"环境"工具栏的"结构"→"固定的"命令。

Step 02 单击工具栏的 ▣（选择点）按钮，选中"固定支撑"节点，选择模型下端的 15 个节点，单击"固定支撑"详细信息面板"几何结构"选项中的"应用"按钮，即可在选中面上施加固定约束，此时在"几何结构"栏显示"15 顶点"，如图 9-9 所示。

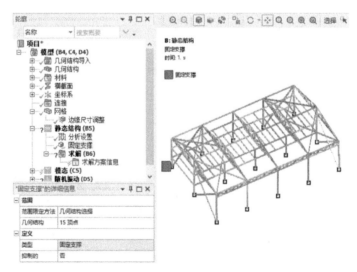

图 9-9　施加固定约束

Step 03 选择"环境"工具栏的"惯性"→"标准地球重力"命令，添加图 9-10 所示的"标准地球重力"节点。

Step 04 右击"静态结构（B5）"节点，在弹出的快捷菜单中选择"求解"命令进行计算。

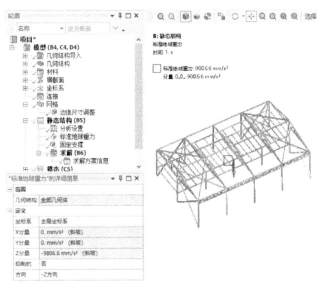

图 9-10　添加标准地球重力

Step 05 右击"求解（B6）"节点，在弹出的快捷菜单中依次选择"插入"→"变形"→"总计"命令，计算之后的位移云图如图 9-11 所示。

Step 06 用同样方式添加"梁工具"节点，此时梁工具命令计算出来的云图如图 9-12 ~ 图 9-14 所示。

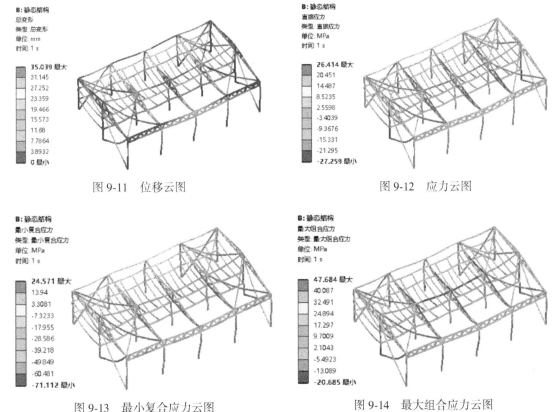

图 9-11　位移云图

图 9-12　应力云图

图 9-13　最小复合应力云图

图 9-14　最大组合应力云图

9.2.8　模态分析

Step 01 选择 Mechanical 界面左侧的"模型（B4，C4，D4）"→"模态（C5）"→"求解（C6）"节点。

Step 02 选择"求解"工具栏的"变形"→"总计"命令，如图 9-15 所示，此时在模型树中会出现"总变形"节点。按<F2>快捷键，更名为"总变形 1"，并在详细信息面板中设置"模式"为 1，如图 9-16 所示。

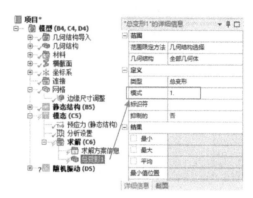

图 9-15　添加总变形　　　　　　　图 9-16　"总变形 1"详细信息面板

Step 03 利用同样的方法添加其他的模态求解项，"总变形 2"对应二阶模态，"总变形 3"对应三阶模态，依次类推至"总变形 6"。

Step 04 右击"模型（B4，C4，D4）"→"模态（C5）"→"求解（C6）"节点，在弹出的快捷菜单中选择"求解"命令。

Step 05 选择"模型（B4，C4，D4）"→"模态（C5）"→"求解（C6）"→"总变形1"及"总变形 2"节点，此时会出现图 9-17 和图 9-18 所示的一阶模态总变形及二阶模态总变形云图。

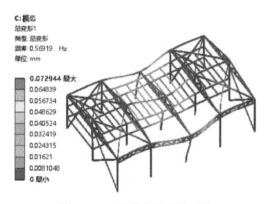

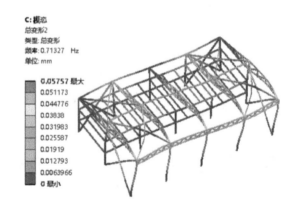

图 9-17　一阶模态总变形云图　　　　　　图 9-18　二阶模态总变形云图

Step 06 利用同样的方法可以观察其他各阶模态的分析结果，如图 9-19～图 9-22 所示。

Step 07 图 9-23 所示为前六阶模态频率。

Step 08 ANSYS Workbench 默认的模态阶数为六阶，选择"模型（B4，C4，D4）"→"模态（C5）"→"分析设置"节点，在图 9-24 所示的"分析设置"详细信息面板中有"最大模态阶数"，在此选项中可以修改模态数量。

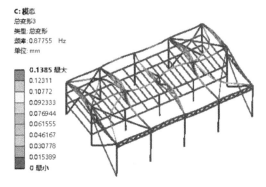

图 9-19　三阶模态总变形云图

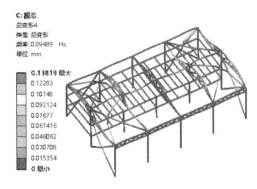

图 9-20　四阶模态总变形云图

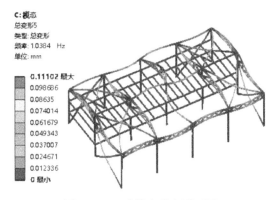

图 9-21　五阶模态总变形云图

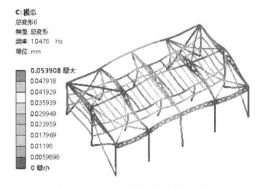

图 9-22　六阶模态总变形云图

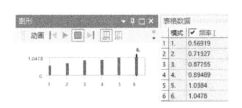

图 9-23　各阶模态频率

图 9-24　修改模态数量的选项

9.2.9　随机振动分析

Step 01 单击"随机振动（D5）"节点，进入随机振动分析项目，此时会出现图 9-25 所示的"环境"工具栏。

Step 02 选择"环境"工具栏的"随机振动"→"PSD 加速度"命令，如图 9-26 所示，此时在模型树中会出现"PSD 加速度"节点。用同样操作添加"PSD 加速度 2"节点。

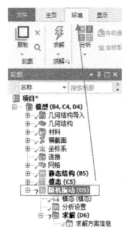

图 9-25　"环境"工具栏

图 9-26　添加 PSD 加速度

Step 03 选择 Mechanical 界面左侧的"模型（B4，C4，D4）"→"随机振动（D5）"→ "PSD 加速度"节点，在图 9-27 所示的"PSD 加速度"详细信息面板中进行如下更改。

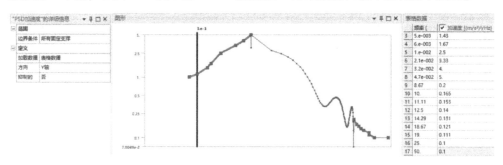

图 9-27　"PSD 加速度"详细信息面板

- 在"范围"→"边界条件"中选择"所有固定支撑"选项。
- 在"定义"→"加载数据"中选择"表格数据"选项，然后在右侧的表格中输入表 9-1 中的数据。
- 在"方向"栏选择"Y 轴"，其余使用默认设置即可。

Step 04 选择 Mechanical 界面左侧的"模型（B4，C4，D4）"→"随机振动（D5）"→ "PSD 加速度 2"节点，在图 9-28 所示的"PSD 加速度"详细信息面板中进行如下更改。

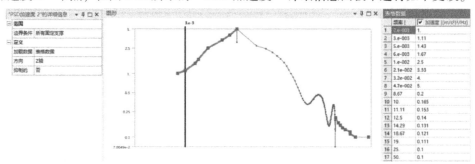

图 9-28　"PSD 加速度 2"详细信息面板

- 在"范围"→"边界条件"中选择"所有固定支撑"选项。
- 在"定义"→"加载数据"中选择"表格数据"选项,然后在右侧的表格中输入表 9-1 中数据。
- 在"方向"栏选择"Z 轴",其余使用默认设置即可。

Step 05 选择 Mechanical 界面左侧的"模型(B4,C4,D4)"→"随机振动(D5)"→"求解(D6)"节点,此时会出现"求解"工具栏。

Step 06 选择"求解"工具栏的"变形"→"定向"命令,如图 9-29 所示,此时在模型树中会出现"定向变形"节点。

Step 07 右击"模型(B4,C4,D4)"→"随机振动(D5)"→"求解(D6)"节点,在弹出的快捷菜单中选择"求解"命令进行求解。

Step 08 选择"模型(B4,C4,D4)"→"随机振动(D5)"→"求解(D6)"→"定向变形"节点,此时会出现图 9-30 所示的定向变形分析云图。

Step 09 右击"定向变形"节点,在弹出的快捷菜单中选择

图 9-29 添加定向变形

"导出"→"导出文本文件"命令,在弹出的"另存为"对话框中单击"保存"按钮,将所有节点的变形数据进行保存,并以默认的 Excel 打开,如图 9-31 所示。

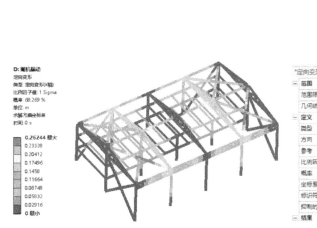

图 9-30 定向变形分析云图

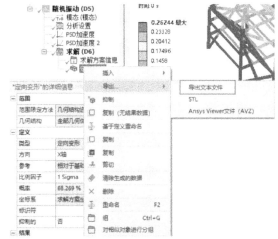

图 9-31 节点变形数据导出

9.2.10 保存与退出

Step 01 单击 Mechanical 界面右上角的"关闭"按钮,退出 Mechanical,返回 Workbench 主界面。

Step 02 在 Workbench 主界面中单击"常用"工具栏的"保存"按钮。

Step 03 单击右上角的"关闭"按钮,退出 Workbench 主界面,完成项目分析。

9.3 实例2：简单桥梁随机振动分析

本节主要介绍 ANSYS Workbench 的随机振动分析模块，计算简单桥梁模型在给定加速度频谱下的响应。

学习目标：熟练掌握 ANSYS Workbench 随机振动分析的方法及过程。

模型文件	网盘 \ Chapter09 \ char09-1 \ simple_bridge. agdb
结果文件	网盘 \ Chapter09 \ char09-1 \ simple_bridge_Random. wbpj

9.3.1 问题描述

桥梁模型如图 9-32 所示，请用 ANSYS Workbench 分析桥梁在给定加速度频谱下的随机振动情况，加速度谱数据如表 8-2 所示。

图 9-32 桥梁模型

表 9-2 加速度值表

频率/Hz	加速度/（m/s^2）	频率/Hz	加速度/（m/s^2）
18.0	0.1813	2.5	0.1930
10.0	0.25	2.0	0.1579
5.0	0.25	1.0	0.0846
4.0	0.25	0.5	0.0453

9.3.2 建立分析项目

Step 01 启动 ANSYS Workbench，进入主界面。

Step 02 在项目原理图中建立图 9-33 所示的项目分析流程。

图 9-33 项目分析流程

9.3.3 导入几何模型

Step 01 在 A2"几何结构"上右击，在弹出的快捷菜单中选择"导入几何模型"→"浏览"命令，在弹出的"打开"对话框中选择图 9-34 所示的几何文件，此时 A2"几何结构"后的 ❓ 变为 ✓，表示实体模型已经存在。

图 9-34 导入几何模型

Step 02 双击项目 A 中的 A2"几何结构"，此时会进入 DesignModeler 界面，在 DesignModeler 图形区域会显示几何模型，如图 9-35 所示。

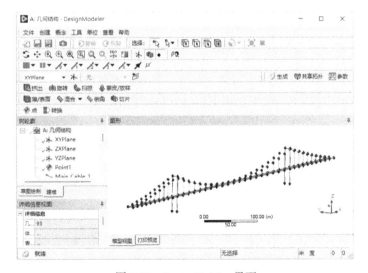

图 9-35 DesignModeler 界面

Step 03 在 DesignModeler 界面单击右上角的"关闭"按钮，退出 DesignModeler，返回 Workbench 主界面。

9.3.4 静力学分析

双击 B4 栏进入 Mechanical 分析平台，如图 9-36 所示。选择菜单栏的"显示"→"横截面"命令，显示几何模型。

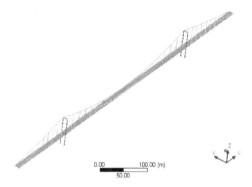

图 9-36 Mechanical 分析平台

9.3.5 添加材料库

本实例选择的材料为结构钢，是 ANSYS Workbench 默认选中的材料，故不需要设置。

9.3.6 划分网格

Step 01 选择"网格"节点，然后选择"网格"工具栏的"控制"→"尺寸调整"命令，如图 9-37 所示。

Step 02 选择"网格"→"边缘尺寸调整"节点，在图 9-38 所示的"边缘尺寸调整"详细信息面中做如下操作。

图 9-37 "尺寸调整"命令

图 9-38 网格设置

- 在"几何结构"栏保证所有边都被选中(通过框选的方式选取),此时"几何结构"栏显示出选中边的数量。
- 在"类型"栏选择"分区数量"选项。
- 在"分区数量"中输入 20,将所有梁单元划分成 20 份。

Step 03 右击"网格"节点,在弹出的快捷菜单中选择"生成网格"命令,划分网格的几何模型如图 9-39 所示。

图 9-39 完成网格划分

9.3.7 施加约束

Step 01 选择"环境"工具栏的"结构"→"固定的"命令。

Step 02 单击工具栏的 按钮,选中"固定支撑"选项,选择桥梁基础下端的 4 个节点,单击"固定支撑"详细信息面板"几何结构"选项中的"应用"按钮,即可在选中点上施加固定约束,此时在"几何结构"栏显示图 9-40 所示的 4 个点。

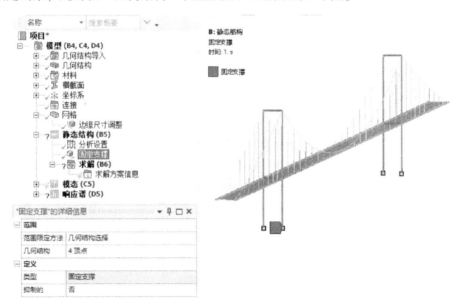

图 9-40 施加固定约束

Step 03 选择"环境"工具栏的"惯性"→"标准地球重力"命令,添加图 9-41 所示的"标准地球重力"节点。

Step 04 选择"环境"工具栏的"结构"→"位移"命令,添加图 9-42 所示的"位移"节点。将桥梁左右两侧共计 6 个梁单元的 Y 和 Z 两方向进行固定约束。

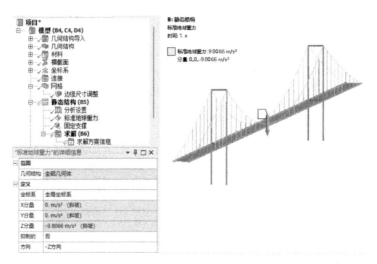

图 9-41　添加标准地球重力

Step 05 右击"静态结构（B5）"节点，在弹出的快捷菜单中选择"求解"命令进行计算。

Step 06 右击"求解（B6）"节点，在弹出的快捷菜单中依次选择"插入"→"变形"→"总计"命令，计算之后的位移云图如图 9-43 所示。

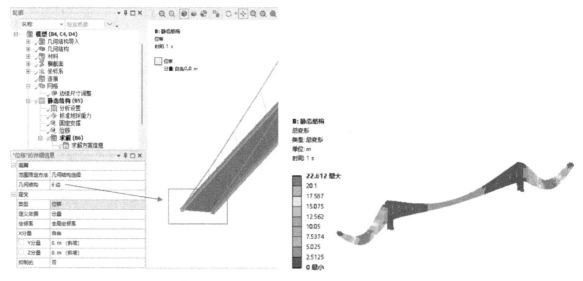

图 9-42　位移约束　　　　　　　　　　　　　　　图 9-43　位移云图

9.3.8　模态分析

Step 01 选择 Mechanical 界面左侧的"模型（B4，C4，D4）"→"模态（C5）"→"求解（C6）"节点。

Step 02 选择"求解"工具栏的"变形"→"总计"命令，如图 9-44 所示，此时在模型树中会出现"总变形"节点。按<F2>快捷键，将其更名为"总变形 1"，并在其详细信息面板中设置"模式"为 1，如图 9-45 所示。

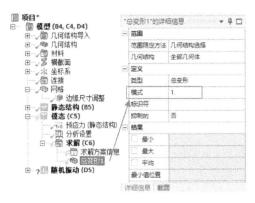

图 9-44　添加总变形　　　　　　　　图 9-45　"总变形 1"详细信息面板

Step 03 利用同样的方法添加其他的模态求解项，"总变形 2" 对应二阶模态，"总变形 3" 对应三阶模态，依次类推至 "总变形 6"。

Step 04 右击 "模型（B4，C4，D4）" → "模态（C5）" → "求解（C6）" 节点，在弹出的快捷菜单中选择 "求解" 命令。

Step 05 选择 "模型（B4，C4，D4）" → "模态（C5）" → "求解（C6）" → "总变形 1" 及 "总变形 2" 节点，此时会出现图 9-46 和图 9-47 所示的一阶模态总变形及二阶模态总变形云图。

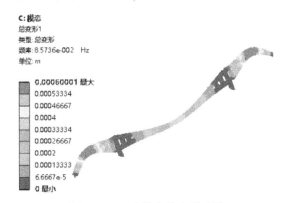

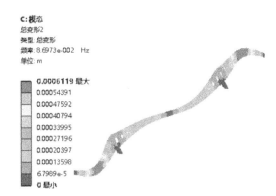

图 9-46　一阶模态总变形云图　　　　　图 9-47　二阶模态总变形云图

Step 06 利用同样的方法可以观察其他各阶模态的分析结果，如图 9-48～图 9-51 所示。

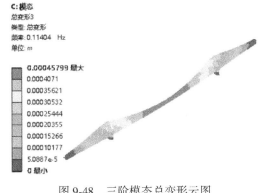

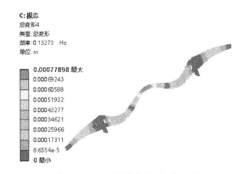

图 9-48　三阶模态总变形云图　　　　　图 9-49　四阶模态总变形云图

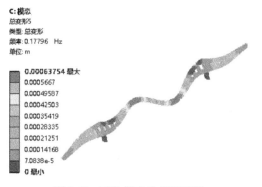

图 9-50　五阶模态总变形云图

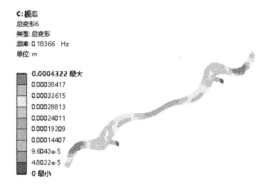

图 9-51　六阶模态总变形云图

Step 07 图 9-52 所示为桥梁前六阶模态频率。

Step 08 ANSYS Workbench 默认的模态阶数为六阶，选择"模型（B4，C4，D4）"→"模态（C5）"→"分析设置"节点，在图 9-53 所示的"分析设置"详细信息面板中有"最大模态阶数"，在此选项中可以修改模态数量。

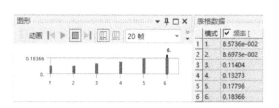

图 9-52　各阶模态频率

图 9-53　修改模态数量的选项

9.3.9　随机振动分析

Step 01 单击"随机振动（D5）"节点，进入随机振动分析项目，此时会出现图 9-54 所示的"环境"工具栏。

Step 02 选择"环境"工具栏的"随机振动"→"PSD 加速度"命令，如图 9-55 所示，此时在模型树中会出现"PSD 加速度"节点。

Step 03 选择 Mechanical 界面左侧的"模型（B4，C4，D4）"→"随机振动（D5）"→"PSD 加速度"节点，在图 9-56 所示的"PSD 加速度"详细信息面板中进行如下更改。

- 在"范围"→"边界条件"中选择"所有固定支撑"选项。
- 在"定义"→"加载数据"中选择"表格数据"选项，然后在右侧的表格中输入表 9-2 中数据。
- 在"方向"栏选择"Z 轴"，其余使用默认设置即可。

图 9-54 "环境"工具栏   图 9-55 添加 PSD 加速度

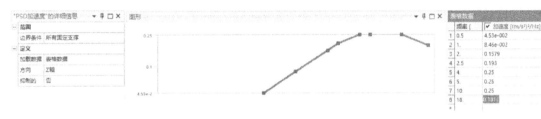

图 9-56 "PSD 加速度"详细信息面板

Step 04 选择 Mechanical 界面左侧的"模型"→"求解（C6）"节点，此时会出现"求解"工具栏。

Step 05 选择"求解"工具栏的"变形"→"定向"命令，如图 9-57 所示，此时在模型树中会出现"定向变形"节点。

Step 06 右击"模型（B4，C4，D4）"→"随机振动（D5）"→"求解（D6）"节点，在弹出的快捷菜单中选择 "求解"命令进行求解。

Step 07 选择"模型（B4，C4，D4）"→"随机振动（D5）"→"求解（D6）"→"定向变形"节点，此时会出现图 9-58 所示的定向变形分析云图。

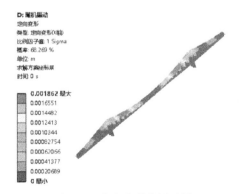

图 9-57 添加定向变形   图 9-58 定向变形分析云图

9.3.10 保存与退出

Step 01 单击 Mechanical 界面右上角的"关闭"按钮，退出 Mechanical，返回 Workbench 主界面。

Step 02 在 Workbench 主界面中单击"常用"工具栏的"保存"按钮。

Step 03 单击右上角的"关闭"按钮，退出 Workbench 主界面，完成项目分析。

9.4 本章小结

本章首先对随机振动的概念应用等进行了介绍，然后通过算例对随机振动分析过程进行了详细讲解。

第10章

瞬态动力学分析

本章将对 ANSYS Workbench 软件的瞬态动力学分析模块进行讲解，并通过典型案例对其一般步骤进行详细讲解，包括几何建模（外部几何数据的导入）、材料赋予、网格设置与划分、边界条件的设定和后处理操作等。

学习目标 知识点	了 解	理 解	应 用	实 践
瞬态动力学分析应用	√			
瞬态动力学分析的意义		√	√	√
ANSYS Workbench 瞬态动力学分析		√	√	√
ANSYS Workbench 瞬态动力学分析设置			√	√
ANSYS Workbench 材料赋予			√	√
ANSYS Workbench 瞬态动力学后处理			√	√

10.1 瞬态动力学分析简介

10.1.1 瞬态动力学分析概念及应用

瞬态动力学分析是时域分析，是分析结构在随时间任意变化的载荷作用下的动力响应过程的技术。其输入数据是随时间变化的载荷，而输出数据是随时间变化的位移、应力、应变等。

瞬态动力学分析具有广泛的应用。对于承受各种冲击载荷的结构（如汽车的门、缓冲器、车架、悬挂系统等），承受各种随时间变化的载荷的结构（如桥梁、建筑物等），以及承受撞击和颠簸的家电设备（如电话、计算机、真空吸尘器等），都可以用瞬态动力学分析来对其动力响应过程中的刚度、强度进行计算模拟。

瞬态动力学分析包括线性瞬态动力学分析和非线性瞬态动力学分析两种类型。

所谓线性瞬态动力学分析，是指模型中不包括任何非线性行为，适用于线性材料、小位移、小应变、刚度不变的结构的瞬态动力学分析，其算法有两种：直接法和模态叠加法。

非线性瞬态动力学分析具有更广泛的应用，可以考虑各种非线性行为，如材料非线性、大变形、大位移、接触、碰撞等。本节主要介绍线性瞬态动力学分析。

10.1.2 瞬态动力学分析基本公式

由经典力学理论可知，物体的动力学通用方程为

$$Mx'' + Cx' + Kx = F(t) \tag{10-1}$$

式中，M 是质量矩阵；C 是阻尼矩阵；K 是刚度矩阵；x 是位移矢量；$F(t)$ 是力矢量；x' 是速度矢量；x'' 是加速度矢量。

扫码看视频

10.2 实例 1：建筑物地震分析

本节主要介绍 ANSYS Workbench 的瞬态动力学分析模块，对钢构架模型进行瞬态动力学分析。
学习目标：熟练掌握 ANSYS Workbench 瞬态动力学分析的方法及过程。

模型文件	网盘 \ Charpter10 \ char10-1 \ GANGJIEGOU. agdb
结果文件	网盘 \ Charpter10 \ char10-1 \ Transient_Structural. wbpj

10.2.1 问题描述

计算钢构架模型在表 10-1 所列地震加速度谱作用下的结构响应。

表 10-1 地震加速度谱数据

时 间 步	竖向加速度/(m/s^2)	水平加速度/(m/s^2)	时 间 步	竖向加速度/(m/s^2)	水平加速度/(m/s^2)
0.1	0	0	2.6	1.2981	2.5962
0.2	0.2719	0.5437	2.7	2.3227	4.6453
0.3	1.1146	2.2292	2.8	2.3617	4.7235
0.4	1.1877	2.3753	2.9	−2.8035	−5.607
0.5	0.2243	0.4486	3.0	1.451	2.9021
0.6	−2.2734	−4.5468	3.1	−5.4473	−10.8946
0.7	−0.9515	−1.903	3.2	0.4774	0.9549
0.8	2.2938	4.5876	3.3	−10.1642	−110.3284
0.9	4.0099	10.0198	3.4	−0.3636	−0.7272
1.0	1.9812	3.9623	3.5	1.9913	3.9827
1.1	1.609	3.2181	3.6	2.2309	4.4618
1.2	−1.5037	−3.0074	3.7	−5.082	−10.164
1.3	1.626	3.2521	3.8	−3.8687	−7.7173
1.4	0.8003	1.6006	3.9	12.2624	24.5248
1.5	2.9513	5.9027	4.0	2.3651	4.7303
1.6	0.9056	1.8112	4.1	0.6898	1.3797
1.7	0.3075	0.6151	4.2	−10.2561	−12.5122
1.8	2.0678	4.1356	4.3	1.5258	3.0516
1.9	0.5182	1.0365	4.4	−3.5205	−7.0411
2.0	0.4825	0.9651	4.5	−0.4299	−0.8597
2.1	−3.3812	−10.7624	4.6	3.0907	10.1813
2.2	0.5216	1.0534	4.7	−0.3959	−0.7918
2.3	−2.9853	−5.9706	4.8	1.412	2.8239
2.4	−1.8435	−3.687	4.9	−4.1645	−10.329
2.5	−1.1061	−2.2122	5.0	1.1588	2.3176

10.2.2　建立分析项目

Step 01 启动 ANSYS Workbench，进入主界面。

Step 02 双击主界面工具箱中的"组件系统"→"几何结构"选项，即可在项目原理图中创建分析项目 A，如图 10-1 所示。

10.2.3　导入几何模型

Step 01 在 A2"几何结构"上右击，在弹出的快捷菜单中选择"导入几何模型"→"浏览"命令，如图 10-2 所示，此时会弹出"打开"对话框。

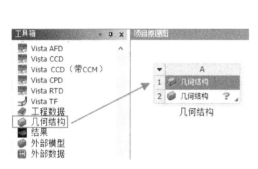

图 10-1　创建分析项目 A　　　　　　　　图 10-2　导入几何模型

Step 02 在弹出的"打开"对话框中选择文件路径，导入 GANGJIEGOU.agdb 几何文件，此时 A2"几何结构"后的 ？ 变为 ✓，表示实体模型已经存在。

Step 03 双击项目 A 中的 A2"几何结构"，此时会进入 DesignModeler 界面，在 DesignModeler 图形区域会显示几何模型，如图 10-3 所示。

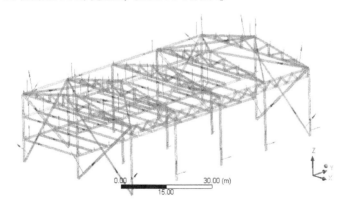

图 10-3　DesignModeler 界面

Step 04 单击工具栏上的 📄 按钮保存文件，此时弹出的"另存为"对话框，输入文件名 Transient_Structural，单击"保存"按钮。

Step 05 回到 DesignModeler 界面并单击右上角的"关闭"按钮，退出 DesignModeler，返回 Workbench 主界面。

10.2.4 创建瞬态动力学分析项目

双击主界面工具箱中的"分析系统"→"瞬态结构"选项，将其放置在 A2"几何结构"上，即可在项目原理图中创建分析项目 B"瞬态结构"，如图 10-4 所示。

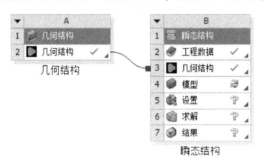

图 10-4 创建分析项目

10.2.5 添加材料库

本实例选择的材料为结构钢，此材料为 ANSYS Workbench 默认选中的材料，故不需要设置。

10.2.6 划分网格

Step 01 双击项目 B 中的 B4 栏，此时会出现 Mechanical 界面，如图 10-5 所示。

Step 02 选择 Mechanical 界面左侧的"模型（B4）"→"网格"节点，此时可在"网格"的详细信息面板中修改网格参数，如图 10-7 所示，在"单元尺寸"中输入 0.5m，其余采用默认设置。

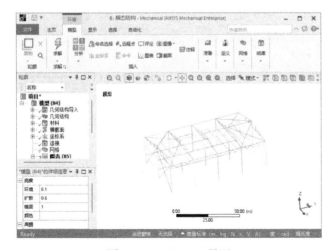

图 10-5 Mechanical 界面

图 10-6 设置"单元尺寸"

Step 03 右击"模型（B4）"→"网格"节点，在弹出的快捷菜单中选择  "生成网格"命令，最终的网格效果如图 10-7 所示。

图 10-7　网格效果

10.2.7　施加约束

Step 01 选择"环境"工具栏的"结构"→"固定的"命令，此时在模型树中会出现"固定支撑"节点，如图 10-8 所示。

Step 02 单击工具栏的 ⬚（选择点）按钮，选中"固定支撑"节点，选择钢构架下端的 15 个节点，单击"固定支撑"详细信息面板"几何结构"选项中的"应用"按钮，即可在选中点上施加固定约束，如图 10-9 所示。

图 10-8　添加固定约束

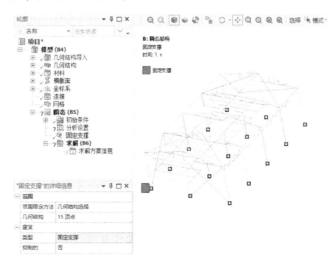

图 10-9　施加固定约束

Step 03 分析设置。单击"瞬态（B5）"→"分析设置"节点，在出现的图 10-10 所示"分析设置"详细信息面板中进行如下设置。

- 在"步骤数量"栏输入 50，设置总时间步为 50。
- 在"当前步数"栏输入 1，设置当前时间步。

- 在"步骤结束时间"栏输入 0.1s，设置第一个时间步结束的时间为 0.1s。
- 在"子步数量"栏输入 5，设置子时间步为 5 步。
- 在"求解器类型"栏选择"直接"。其余选项保留默认设置即可。

Step 04 同样设置其余 49 个时间步的上述参数（可以全选时间步长后统一修改），完成后如图 10-11 所示。

Step 05 选择"瞬态（B5）"节点，单击工具栏的"惯性"→"加速度"命令，在图 10-12 所示的"加速度"详细信息面板中，"定义依据"栏选择"分量"选项，此时下面会出现"X 分量"、"Y 分量"及"Z 分量"3 个输入栏，分别进行设置。

图 10-10　分析设置

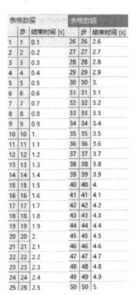

图 10-11　时间步输入

图 10-12　设置加速度类型

Step 06 将表 10-1 中的数值输入右下侧的表格中（可以直接复制粘贴），输入完成后如图 10-13 所示。

步	时间 [s]	X [m/s²]	Y [m/s²]	Z [m/s²]
1	0.	0.	0.	0.
1	0.1	0.	0.	0.
2	0.2	0.2719	0.5437	= 0.
3	0.3	1.1146	2.2292	= 0.
4	0.4	1.1877	2.3753	= 0.
5	0.5	0.2243	0.4486	= 0.
6	0.6	-2.2734	-4.5468	= 0.
7	0.7	-0.9515	-1.903	= 0.
8	0.8	2.2938	4.5876	= 0.
9	0.9	4.0099	10.02	= 0.
10	1.	1.9812	3.9623	= 0.
11	1.1	1.609	3.2181	= 0.
12	1.2	-1.5037	-3.0074	= 0.
13	1.3	1.626	3.2521	= 0.
14	1.4	0.8003	1.6006	= 0.
15	1.5	2.9513	5.9027	= 0.
16	1.6	0.9056	1.8112	= 0.
17	1.7	0.3075	0.6151	= 0.
18	1.8	2.0678	4.1356	= 0.
19	1.9	0.5182	1.0365	= 0.
20	2.	0.4825	0.9651	= 0.
21	2.1	-3.3812	-10.762	= 0.
22	2.2	0.5216	1.0534	= 0.
23	2.3	-2.9853	-5.9706	= 0.
24	2.4	-1.8435	-3.687	= 0.
25	2.5	-1.1061	-2.2122	= 0.
26	2.6	1.2981	2.5962	= 0.
27	2.7	2.3227	4.6453	= 0.
28	2.8	2.3617	4.7235	= 0.
29	2.9	-2.8035	-5.607	= 0.
30	3.	1.451	2.9021	= 0.
31	3.1	-5.4473	-10.895	= 0.
32	3.2	0.4774	0.9549	= 0.
33	3.3	-10.164	-110.33	= 0.
34	3.4	-0.3636	-0.7272	= 0.
35	3.5	1.9913	3.9827	= 0.
36	3.6	2.2309	4.4618	= 0.
37	3.7	-5.082	-10.164	= 0.
38	3.8	-3.8687	-7.7173	= 0.
39	3.9	12.262	24.525	= 0.
40	4.	2.3651	4.7303	= 0.
41	4.1	0.6898	1.3797	= 0.
42	4.2	-10.256	-12.512	= 0.
43	4.3	1.5258	3.0516	= 0.
44	4.4	-3.5205	-7.0411	= 0.
45	4.5	-0.4299	-0.8597	= 0.
46	4.6	3.0907	10.181	= 0.
47	4.7	-0.3959	-0.7918	= 0.
48	4.8	1.412	2.8239	= 0.
49	4.9	-4.1645	-10.329	= 0.
50	5.	1.1588	2.3176	= 0.

图 10-13　输入加速度谱值

10.2.8 结果后处理

Step 01 选择"求解（B6）"节点，单击"环境"工具栏的"变形"→"总计"命令，如图 10-14 所示，此时在模型树中会出现"总变形"节点。

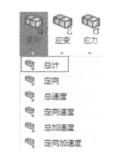

图 10-14 添加总变形

Step 02 选择"环境"工具栏的"变形"→"总加速度"命令，此时在模型树中会出现"总加速度"节点。

Step 03 在模型树的"求解（B6）"节点上右击，在弹出的快捷菜单中选择 "求解"命令进行求解。

Step 04 图 10-15 为总变形云图，图 10-16 加速度云图。

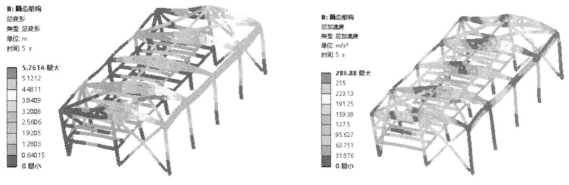

图 10-15 总变形云图　　　　　　图 10-16 总加速度云图

Step 05 右击"求解（B6）"，选择"插入"→"梁结果"→"轴向力"命令，如图 10-17 所示。

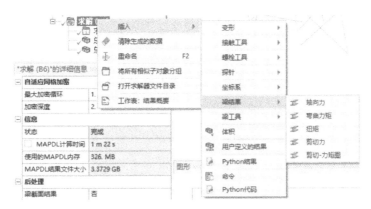

图 10-17 "轴向力"命令

Step 06 用同样的方法选择"弯曲力矩"、"扭矩"及"剪切力"命令。

Step 07 右击模型树中的"求解（B6）"节点，在弹出的快捷菜单中选择 "评估所有结果"命令。

Step 08 选择模型树中的"求解（B6）"→"轴向力"节点，此时会出现图 10-18 所示的轴向力分布云图。

Step 09 用同样的方法查看弯曲力矩、扭矩及剪切力分布云图，如图 10-19~图 10-21 所示。

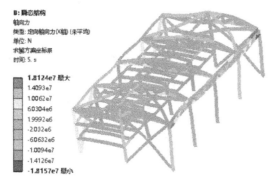

图 10-18　轴向力分布云图

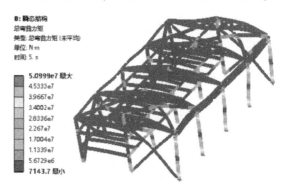

图 10-19　弯曲力矩分布云图

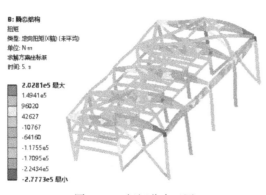

图 10-20　扭矩分布云图

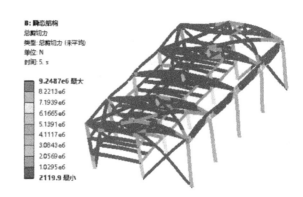

图 10-21　剪切力分布云图

Step 10 单击图 10-22 所示图标可以播放相应后处理的动画，单击 图 图标可以输出动画。

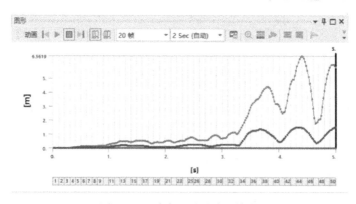

图 10-22　动态显示及动画输出

10.2.9　保存与退出

Step 01 单击 Mechanical 界面右上角的"关闭"按钮，退出 Mechanical，返回 Workbench 主界面。

Step 02 在 Workbench 主界面中单击"常用"工具栏的"保存"按钮。

Step 03 单击右上角的"关闭"按钮，退出 Workbench 主界面，完成项目分析。

10.3 实例 2：梁模型瞬态动力学分析

扫码看视频

本章主要介绍 ANSYS Workbench 的瞬态动力学分析模块，计算实体梁模型在 1000N 瞬态力作用下的位移响应。

学习目的：熟练掌握 ANSYS Workbench 瞬态动力学分析的方法及过程。

模型文件	网盘 \ Charpter10 \ char10-2 \ Geom. agdb
结果文件	网盘 \ Charpter10 \ char10-2 \ Transient. wbpj

10.3.1 问题描述

某实体梁模型如图 10-23 所示，请用 ANSYS Workbench 分析弹簧模型在 Y 方向作用−1000N 的瞬态力下的位移响应情况。

10.3.2 建立分析项目

Step 01 启动 ANSYS Workbench，进入主界面。

Step 02 双击主界面工具箱中的"组件系统"→"几何结构"选项，即可在项目原理图中创建分析项目 A，如图 10-24 所示。

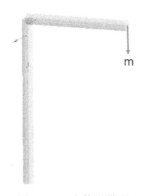

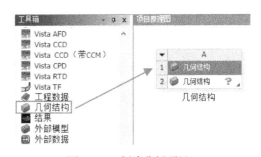

图 10-23　实体梁模型　　　　　　　　图 10-24　创建分析项目 A

10.3.3 导入几何模型

Step 01 在 A2"几何结构"上右击，在弹出的快捷菜单中选择"导入几何模型"→"浏览"命令，如图 10-25 所示，此时会弹出"打开"对话框。

Step 02 选择文件路径，如图 10-26 所示，选择文件 Geom. agdb，并单击"打开"按钮。

Step 03 双击项目 A 中的 A2"几何结构"，此时会加载 DesignModeler，如图 10-27 所示。

图 10-25　导入几何模型　　　　　　　　　　图 10-26　选择文件

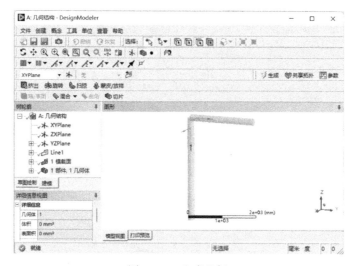

图 10-27　生成几何

Step 04 单击 DesignModeler 界面右上角的"关闭"按钮，退出 DesignModeler，返回 Work-bench 主界面。

10.3.4　创建模态分析项目

单击主界面工具箱中的"分析系统"→"模态"选项，然后将光标移动到项目 A 的 A2"几何结构"中，此时在项目 A 的右侧出现一个项目 B，项目 A 与项目 B 的几何数据实现了共享，如图 10-28 所示。

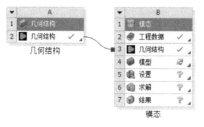

图 10-28　创建模态分析项目

10.3.5 模态分析前处理

Step 01 双击项目 B 中的 B4 "模型",进入模态分析设置界面。右击 "模型(B4)" → "几何结构" 节点,在弹出的快捷菜单中选择 "插入" → "点质量" 命令,如图 10-29 所示,添加一个点质量。如图 10-30 所示,在 "点质量" 详细信息面板中进行如下设置。

- 在 "几何结构" 栏确保右侧的节点被选中,此时将显示 "1 顶点"。
- 在 "质量" 栏输入 50kg。

Step 02 选择 Mechanical 界面左侧的 "模型(B4)" → "网格" 节点,此时可在 "网格" 的详细信息面板中修改网格参数,如图 10-31 所示,在 "单元尺寸" 中输入 2e-002m,其余采用默认设置。

图 10-29 添加点质量

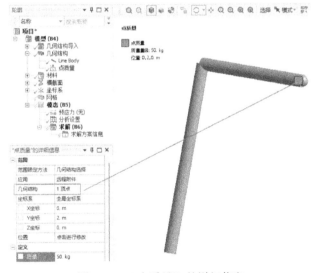

图 10-30 "点质量" 的详细信息

图 10-31 设置 "单元尺寸"

Step 03 右击 "模型(B4)" → "网格" 节点,在弹出的快捷菜单中选择 "生成网格" 命令,最终的网格效果如图 10-32 所示。

图 10-32 网格效果

10.3.6 施加约束

Step 01 选择 Mechanical 界面左侧的"模型（B4）"→"模态（B5）"节点，此时会出现图 10-33 所示的"环境"工具栏。

Step 02 如图 10-34 所示，选择"环境"工具栏的"结构"→"固定的"命令，此时在模型树中会出现"固定支撑"节点。

图 10-33　"环境"工具栏　　　　　　　　图 10-34　添加固定约束

Step 03 单击工具栏的"选择点"按钮，选中"固定支撑"选项，选择实体单元的一端（位于 Z 轴最大值的一端），单击"固定支撑"详细信息面板"几何结构"选项中的"应用"按钮，即可在选中点上施加固定约束，如图 10-35 所示。

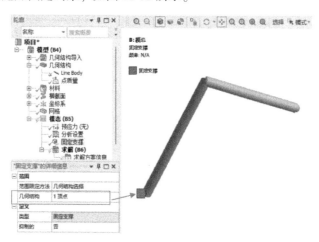

图 10-35　施加固定约束

10.3.7 结果后处理

Step 01 选择 Mechanical 界面左侧的"模型（B4）"→"模态（B5）"→"求解（B6）"

选项，此时会出现图 10-36 所示的"求解"工具栏。

Step 02 选择"求解"工具栏的"变形"→"总计"命令，如图 10-37 所示，此时在模型树中会出现"总变形"节点。

图 10-36 "求解"工具栏

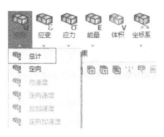

图 10-37 添加总变形

Step 03 右击"模型（B4）"→"模态（B5）"→"求解（B6）"节点，在弹出的快捷菜单中选择 "求解"命令进行求解。

Step 04 选择"模型（B4）"→"模态（B5）"→"求解（B6）"→"总变形"节点，此时会出现图 10-38 所示的一阶模态总变形分析云图。

Step 05 图 10-39 所示为前六阶模态频率。

Step 06 ANSYS Workbench 默认的模态阶数为六阶，选择"模型（B4）"→"模态（B5）"→"分析设置"节点，在图 10-40 所示的"分析设置"详细信息面板中有"最大模态阶数"，在此选项中可以修改模态数量。

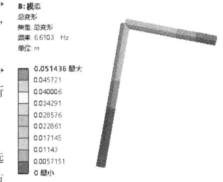

图 10-38 一阶模态总变形分析云图

模式	✓	频率 [
1	1.	6.6103
2	2.	6.7851
3	3.	18.051
4	4.	20.852
5	5.	78.118
6	6.	87.306

图 10-39 前六阶模态频率

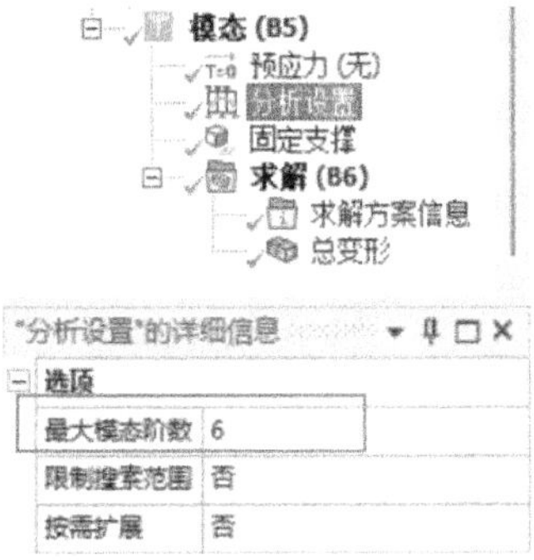

图 10-40 修改模态数量的选项

Step 07 单击 Mechanical 界面右上角的"关闭"按钮，退出 Mechanical，返回 Workbench 主界面。

10.3.8　创建瞬态动力学分析项目

Step 01 回到 Workbench 主界面，将工具箱中的"分析系统"→"瞬态结构"拖到项目 B（模态）的 B6"求解"中。项目 B 与项目 C 直接实现了数据共享，此时项目 C 中的 C5"设置"栏会出现 标识，如图 10-41 所示。

图 10-41　瞬态动力学分析

Step 02 如图 10-42 所示，双击项目 C 的 C5"设置"，进入 Mechanical 界面。

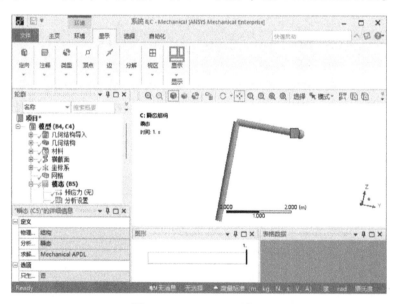

图 10-42　Mechanical 界面

10.3.9　添加动态力载荷

Step 01 选择 Mechanical 界面左侧的"模型（B4，C4）"→"瞬态（C5）"节点，此时会出现图 10-43 所示的"环境"工具栏。

Step 02 在模型树中选择"瞬态（C5）"→"分析设置"节点，如图 10-44 所示，在出现的"分析设置"详细信息面板中进行如下输入。

- 在"步骤数量"栏输入 2，设置总时间步为 2。

- 在"当前步数"栏输入 1,表示当前分析步为 1。
- 在"步骤结束时间"栏输入 0.1s,设置第一个时间步结束的时间为 0.1s。
- 在"求解器类型"栏选择"直接"。其余选项保留默认设置即可。

Step 03 同样,在"当前步数"栏输入 2,在"步骤结束时间"栏输入 10s,如图 10-45 所示。

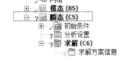

图 10-43 "环境"工具栏

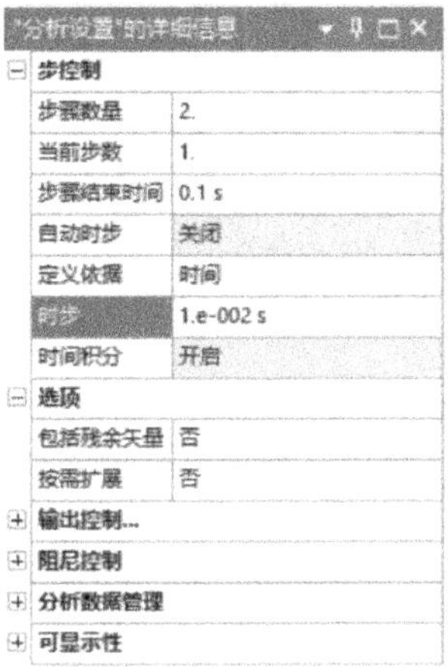

图 10-44 分析步一设定

图 10-45 分析步二设定

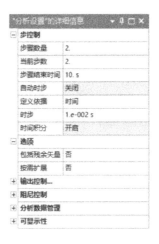

Step 04 选择"环境"工具栏的"结构"→"力"命令,如图 10-46 所示,此时在模型树中会出现"力"节点。

Step 05 选择 Mechanical 界面左侧的"模型(B4,C4)"→"瞬态(C5)"→"力"节点,在下面出现的图 10-47 所示"力"详细信息面板中进行如下更改。

- 在"范围"→"几何结构"中选择圆柱顶点。
- 在"定义"→"定义依据"栏选择"分量"选项,然后在"X 分量"中选择"表格数据"选项,保持"Y 分量"和"Z 分量"值为 0。

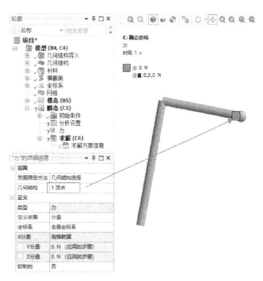

图 10-46 添加力

图 10-47 "力"的详细信息

Step 06 单击图 10-48 所示的"力"命令，在表格中输入图 10-48 所示数值。

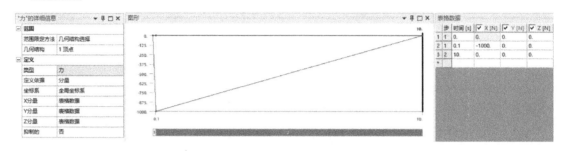

图 10-48　输入数值

Step 07 如图 10-49 所示，选择"瞬态（C5）"→"分析设置"节点，在出现的"分析设置"详细信息面板中进行如下输入。

- 在"阻尼控制"→"数值阻尼"栏选择"手动"选项。
- 在"数值阻尼值"栏将阻尼比改成 0.002。

图 10-49　设定阻尼比

10.3.10　结果后处理

Step 01 选择 Mechanical 界面左侧的"模型（B4，C4）"→"模态（C5）"→"求解（C6）"节点，此时会出现图 10-50 所示的"求解"工具栏。

Step 02 选择"求解"工具栏的"变形"→"总计"命令，如图 10-51 所示，此时在模型树中会出现"总变形"节点。

Step 03 右击模型树中的"求解（C6）"节点，在弹出的快捷菜单中选择"插入"→"梁工具"→"梁工具"命令，如图 10-52 所示。

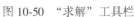
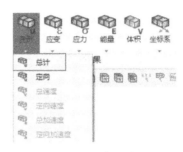

图 10-50 "求解"工具栏　　　　图 10-51 添加总变形

图 10-52 添加梁工具

Step 04 右击模型树中的"求解（C6）"节点，在弹出的快捷菜单中选择 "求解"命令进行求解。

Step 05 选择模型树中"求解（C6）"下的"总变形"节点，此时会出现图 10-53 所示的变形云图。

图 10-53 变形云图

Step 06 图 10-54 所示为位移随时间变化的曲线。

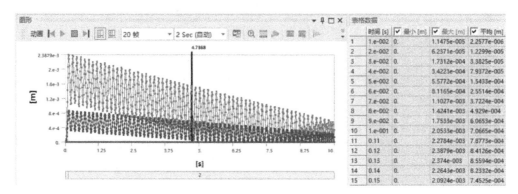

图 10-54　位移随时间变化的曲线

Step 07 图 10-55 和图 10-56 所示为直接应力云图及应力随时间变化的曲线。

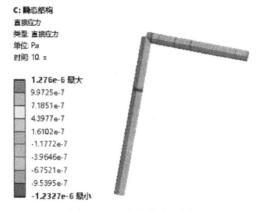

图 10-55　直接应力云图

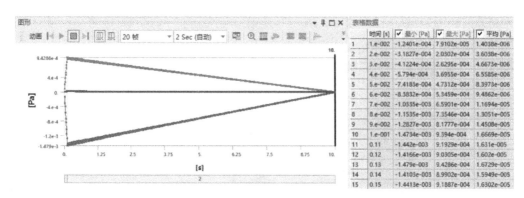

图 10-56　应力随时间变化的曲线

10.3.11　保存与退出

Step 01 单击 Mechanical 界面右上角的"关闭"按钮，退出 Mechanical，返回 Workbench 主界面。

Step 02 在 Workbench 主界面中单击"常用"工具栏的"保存"按钮，文件名为 Transient。

Step 03 单击右上角的"关闭"按钮，退出 Workbench 主界面，完成项目分析。

10.4　本章小结

　　本章首先介绍了瞬态动力学分析的概念、应用等内容，然后通过两个典型案例介绍了瞬态动力学分析的一般过程。

第 11 章

线性屈曲分析

本章将对 ANSYS Workbench 软件的线性屈曲分析模块进行讲解，并通过几个典型案例对线性屈曲分析的一般步骤进行详细讲解，包括几何建模（外部几何数据的导入）、材料赋予、网格设置与划分、边界条件的设定和后处理操作等。

学习目标 知 识 点	了 解	理 解	应 用	实 践
线性屈曲分析基础知识		√		
线性屈曲分析应用		√		
ANSYS Workbench 线性屈曲分析基本过程			√	√

11.1 线性屈曲分析简介

许多结构都需要进行结构稳定性计算，如细长柱、压缩部件、真空容器等。这些结构件在不稳定（屈曲）开始时，结构在本质上没有变化的载荷作用下（超过一个很小的动荡），在 X 方向上的微小位移会使结构有很大的改变。

11.1.1 屈曲分析

特征值或线性屈曲分析预测的是理想线弹性结构的理论屈曲强度（分歧点），而非理想和非线性行为会阻止许多真实的结构达到理论上的弹性屈曲强度。

线性屈曲通常产生非保守的结果，但是线性屈曲有以下几个优点。

1）它比非线性屈曲计算更省时，并且应当作第一步计算来评估临界载荷（屈曲开始时的载荷）。

2）线性屈曲分析可以用来作为决定产生什么样的屈曲模型形状的设计工具，为设计做指导。

11.1.2 线性屈曲分析

线性屈曲分析的一般方程为

$$K + \lambda_i S \psi_i = 0 \tag{11-1}$$

式中，K 和 S 是常量；λ_i 是屈曲载荷乘子，ψ_i 是屈曲模态。

ANSYS Workbench 屈曲模态分析步骤与其他有限元分析步骤大同小异，软件支持在模态分析中存在接触对，但是由于屈曲分析是线性分析，所以接触行为不同于非线性接触行为。

下面通过几个实例简单介绍一下线性屈曲分析的操作步骤。

11.2 实例：钢管屈曲分析

本节主要介绍 ANSYS Workbench 的屈曲分析模块，计算模型在外载荷作用下的稳定性及屈曲特性。

学习目的：熟练掌握 ANSYS Workbench 屈曲分析的方法及过程。

模型文件	无
结果文件	网盘 \ Chapter11 \ char11-1 \ Pipe_Bukling. wbpj

11.2.1 问题描述

模型如图 11-1 所示，请用 ANSYS Workbench 分析模型在 1MPa 压力下的屈曲响应情况。

11.2.2 建立分析项目

Step 01 启动 ANSYS Workbench，进入主界面。

Step 02 双击主界面工具箱中的 "分析系统" → "静态结构" 选项，即可在项目原理图中创建分析项目 A，如图 11-2 所示。

图 11-1　模型　　　　　　　　图 11-2　创建分析项目 A

11.2.3 创建几何模型

Step 01 在 A3 "几何结构" 上双击，弹出图 11-3 所示的 DesignModeler 窗口，选择菜单栏中的 "单位" → "米" 和 "度"，设置长度单位为 m。

Step 02 如图 11-4 所示，单击 "ZX 平面" 节点以选择绘图平面，然后再单击 按钮，使得绘图平面与屏幕平行。

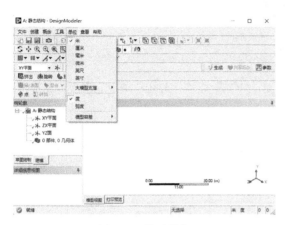

图 11-3　设置单位

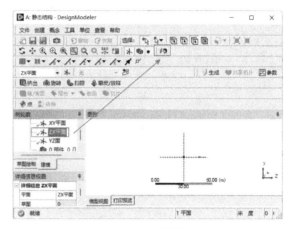

图 11-4　选择绘图平面

Step 03 单击"草图绘制"按钮，此时会出现图 11-5 所示的草图绘制工具箱。

Step 04 单击"椭圆形"按钮，此时按钮变成凹陷状态，表示本命令已被选中。将光标移动到图形区域横坐标左侧位置，此时会出现"C"提示符，如图 11-6 所示。

图 11-5　草图绘制工具箱

图 11-6　椭圆形第一个角点

Step 05 当出现"C"提示符后，单击创建第一角点，然后向右侧移动鼠标创建图 11-7 所示的第二个角点。

Step 06 重复上述步骤，创建另一个椭圆形，如图 11-8 所示。

图 11-7　椭圆形第二个角点

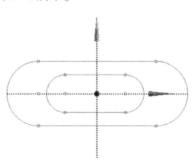

图 11-8　两个椭圆形

Step 07 创建图 11-9 所示的尺寸标注，在 R5 栏输入 0.04m，R6 栏输入 0.02m，H10 栏输入 0.05m，H11 栏输入 0.05m，H12 栏输入 0.05m，H8 栏输入 0.05m。

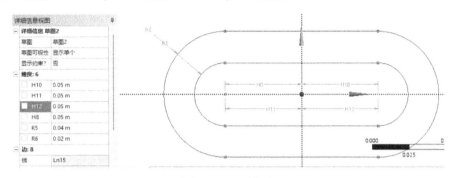

图 11-9　尺寸标注

Step 08 单击工具栏的"挤出"命令，如图 11-10 所示，在"详细信息 挤出 1"→"几何结构"中选择"草图 2"，单击"应用"按钮，在"FD1，深度（>0）"栏输入拉伸深度为 1m，然后单击工具栏的"生成"按钮，生成几何模型。

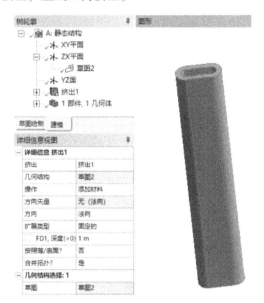

图 11-10　拉伸

Step 09 单击右上角的"关闭"按钮，退出 DesignModeler，返回 Workbench 主界面。

11.2.4　设置材料

本例选用默认材料，即结构钢，因此不需要进行修改。

11.2.5　添加模型材料属性

Step 01 双击主界面项目管理图项目 A 中的 A3"模型"栏，进入图 11-11 所示 Mechanical 界面，在该界面下即可进行网格划分、分析设置、结果观察等操作。

Step 02 如图 11-12 所示，此时结构钢材料已经被自动赋予模型。

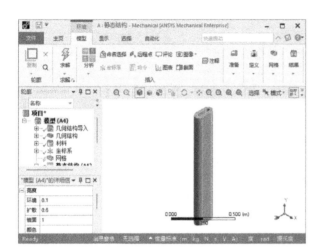

图 11-11　Mechanical 界面

图 11-12　添加材料

11.2.6　划分网格

Step 01 如图 11-13 所示，右击 Mechanical 界面左侧的"模型（A4）"→"网格"节点，在弹出的快捷菜单中选择"插入"→"面网格剖分"命令。

Step 02 如图 11-14 所示，在出现的"面网格剖分"详细信息面板中进行如下设置。

- 选择模型上表面，单击"几何结构"栏的"应用"按钮。
- 在"分区的内部数量"栏输入 4（效果见最终的网格模型）。

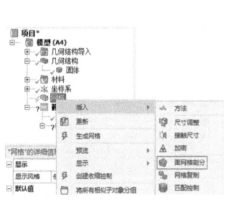

图 11-13　生成网格

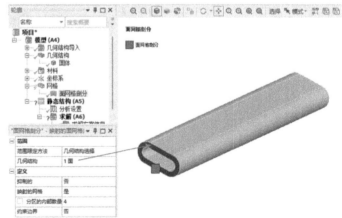

图 11-14　设置面网格

Step 03 如图 11-15 所示，右击"网格"节点，在弹出的快捷菜单中选择"插入"→"尺寸调整"命令。

Step 04 如图 11-16 所示，在出现的"几何体尺寸调整"详细信息面板中进行如下设置。

图 11-15 "尺寸调整"命令

- 选择几何实体，然后在"几何结构"栏单击"应用"按钮，此时"几何结构"栏将显示"1 几何体"，表示一个几何实体被选中。
- 在"单元尺寸"栏输入网格大小为 5. e-002m。
- 在"尺寸调整"下的"跨度角中心"处选择"精细"。

Step 05 右击"网格"节点，在弹出的快捷菜单中选择"生成网格"命令。最终的网格效果如图 11-17 所示。

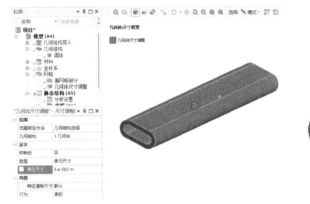

图 11-16 设置网格

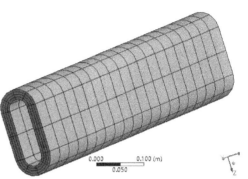

图 11-17 网格效果

11.2.7 施加载荷与约束

Step 01 选择 Mechanical 界面左侧的"模型（A4）"→"静态结构（A5）"节点，此时会出现图 11-18 所示的"环境"工具栏。

Step 02 选择"环境"工具栏的"结构"→"固定的"命令，此时在模型树中会出现"固定支撑"节点，如图 11-19 所示。

图 11-18 "环境"工具栏

图 11-19 添加固定约束

Step 03 选中"固定支撑"节点，在工具栏单击 📷 按钮后再选择图 11-20 所示的管底面，单击"固定支撑"详细信息面板"几何结构"选项中的"应用"按钮，即可在选中面上施加固定约束。

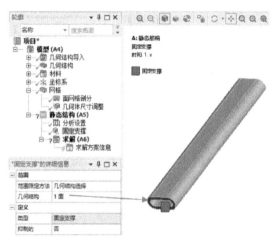

图 11-20　施加固定约束

Step 04 选择"环境"工具栏的"结构"→"压力"命令，此时在模型树中会出现"压力"节点，如图 11-21 所示。

Step 05 选中"压力"节点，选择管顶面，单击"压力"详细信息面板"几何结构"选项中的"应用"按钮，同时在"定义"→"大小"栏输入 1. e+006Pa，如图 11-22 所示。

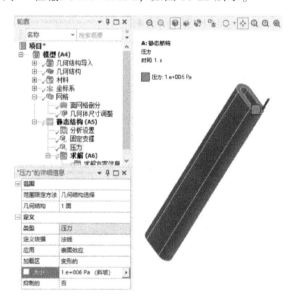

图 11-21　添加压力载荷　　　　　图 11-22　添加面载荷

11.2.8　结果后处理

Step 01 选择 Mechanical 界面左侧的"模型（A4）"→"静态结构（A5）"→"求解

（A6）"节点，此时会出现图 11-23 所示的"求解"工具栏。

Step 02 选择"求解"工具栏的"变形"→"总计"命令，如图 11-24 所示，此时在模型树中会出现"总变形"节点。

Step 03 选择"求解"工具栏的"应力"→"等效（Von-Mises）"命令，如图 11-25 所示，此时在模型树中会出现"等效应力"节点。

图 11-23 "求解"工具栏　　　图 11-24 添加总变形　　　图 11-25 添加等效应力

Step 04 右击模型树中的"求解（A6）"节点，在弹出的快捷菜单中选择 "求解"命令进行求解。

Step 05 选择模型树中"求解（A6）"下的"总变形"节点，此时会出现图 11-26 所示的总变形分析云图。

Step 06 选择模型树中"求解（A6）"下的"等效应力"节点，此时会出现图 11-27 所示的等效应力分析云图。

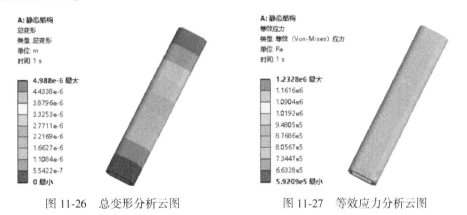

图 11-26 总变形分析云图　　　图 11-27 等效应力分析云图

11.2.9 创建线性屈曲分析项目

如图 11-28 所示，将工具箱中的"分析系统"→"特征值屈曲"选项直接拖到项目 A（静力分析）的 A6 "求解" 中。此时项目 A 的所有前处理数据全部导入项目 B 中，双击项目 B 中的 B5 "设置" 栏即可直接进入 Mechanical 界面。

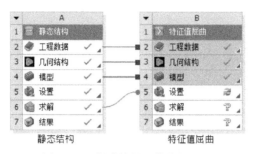

图 11-28　创建线性屈曲分析项目

11.2.10　施加载荷与约束

Step 01 双击主界面项目管理图项目 B 中的 B5 "设置" 栏，进入图 11-29 所示 Mechanical 界面，在该界面下即可进行网格划分、分析设置、结果观察等操作。

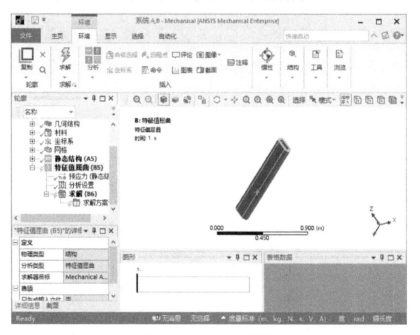

图 11-29　Mechanical 界面

Step 02 如图 11-30 所示，右击模型树中的 "静态结构（A5）" 节点，在弹出的快捷菜单中选择 "求解" 命令进行求解。

Step 03 如图 11-31 所示，单击模型树中的 "特征值屈曲（B5）" → "分析设置" 节点，在下面出现的 "分析设置" 详细信息面板中进行如下更改。

- 在 "最大模态阶数" 栏输入 10，表示 10 阶模态将被计算。
- 在 "求解器控制" → "包括负的载荷乘数" 处选择 "否"。

图 11-30 静力计算

图 11-31 模态阶数设置

11.2.11 结果后处理

Step 01 选择 Mechanical 界面左侧的"模型（A4，B4）"→"特征值屈曲（B5）"→"求解（B6）"选项，此时会出现图 11-32 所示的"求解"工具栏。

Step 02 选择"求解"工具栏的"变形"→"总计"命令，如图 11-33 所示，此时在模型树中会出现"总变形"节点。

图 11-32 "求解"工具栏

图 11-33 添加总变形

Step 03 选择"求解（B6）"→"总变形"节点，在图 11-34 所示的"总变形"详细信息面板"定义"下的"模式"中输入 1。

Step 04 在图 11-35 所示"求解（B6）"节点上右击，选择"求解"命令进行求解。

Step 05 选择"模型（A4，B4）"→"求解（B6）"→"总变形"节点，此时会出现图 11-36 所示的总变形分析云图，即一阶屈曲模态。

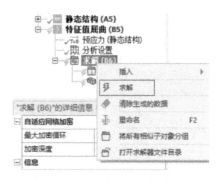

图 11-34　设置阶数　　　　　　　　　图 11-35　"求解"命令

Step 06 图 11-37 所示为前十阶屈曲模态数值。

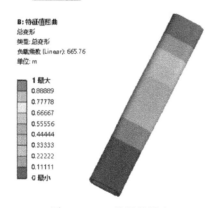

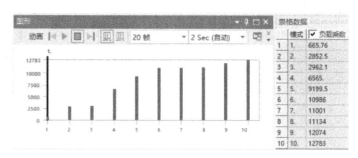

图 11-36　一阶屈曲模态　　　　　　　图 11-37　前十阶屈曲模态数值

Step 07 如图 11-38 所示，选中图表中的所有模态柱状图（选择所有）并右击，在弹出的快捷菜单中选择"创建模型形状结果"命令。

Step 08 如图 11-39 所示，此时在"求解（B6）"节点下面自动创建了 10 个后处理选项，分别显示不同频率下的总变形。

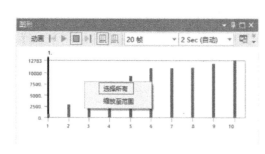

图 11-38　快捷菜单　　　　　　　　　图 11-39　后处理选项

Step 09 计算完成后的各阶模态变形云图如图 11-40 所示。

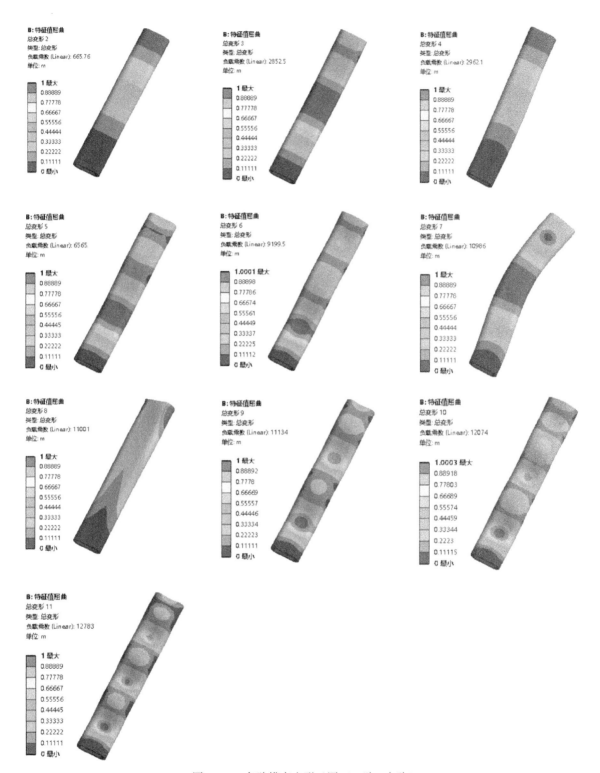

图 11-40　各阶模态变形云图（一阶~十阶）

11.2.12　保存与退出

Step 01 单击 Mechanical 界面右上角的"关闭"按钮，退出 Mechanical，返回 Workbench 主界面。

Step 02 在 Workbench 主界面中单击"保存"按钮，文件名为 Pipe_Buckling。

Step 03 单击右上角的"关闭"按钮，退出 Workbench 主界面，完成项目分析。

11.3　本章小结

本章节详细介绍了 ANSYS Workbench 线性屈曲分析功能，包括几何创建、网格划分、边界条件设定、后处理等操作，通过本章的学习，读者应该对线性屈曲分析的过程有所了解。

高级应用篇

第 12 章

显式动力学分析

ANSYS Workbench 有限元分析平台已经将 LS-DYNA 的显式动力学分析作为一个单独的模块，本章将对 ANSYS Workbench 平台自带的 3 个显式动力学分析模块进行实例讲解，介绍显式动力学分析的一般步骤，包括几何建模（外部几何数据的导入）、材料赋予、网格设置与划分、边界条件的设定和后处理操作。

学习目标 知 识 点	了 解	理 解	应 用	实 践
显式动力学分析应用	√			
显式动力学分析的意义		√	√	√
LS-DYNA 显式动力学分析		√	√	√
Autodyn 显式动力学分析			√	√
ANSYS Workbench 显式动力学分析设置			√	√
ANSYS Workbench 材料赋予			√	√
ANSYS Workbench 显式动力学后处理			√	√

12.1 显式动力学分析简介

当数值仿真问题涉及瞬态、大应变、大变形、材料破坏、材料完全失效或者伴随复杂接触的结构问题时，ANSYS 显式动力学分析可以满足用户的需求。

ANSYS 显式动力学分析模块包括以下 3 种：Explicit Dynamics、ANSYS Autodyn 及 Workbench LS-DYNA，此外还有一个显式动力学输出 LS-DYNA 分析模块 Explicit Dynamics（LS-DYNA Export）。

1. 显示动力学

基于 ANSYS Autodyn 分析程序、具有稳定、成熟的拉格朗日（结构）求解器的 ANSYS Explicit STR 软件已经集成到了统一的 ANSYS Workbench 环境中。在 ANSYS Workbench 平台中，可以方便、无缝地完成多物理场分析，包括电磁、热、结构和计算流体动力学（CFD）。

ANSYS Explicit STR 扩展了功能强大的 ANSYS Mechanical 系列软件的分析范围，这些分析往往涉及复杂的载荷工况和接触方式，比如：

- 抗冲击设计、跌落试验（电子和消费产品）。
- 低速-高速的碰撞问题分析（从运动器件分析到航空航天应用）。
- 高度非线性塑性变形分析（制造加工）。
- 复杂材料失效分析应用（国防和安全应用）。

- 破坏接触,如胶粘或焊接(电子和汽车工业)。

2. ANSYS Autodyn

ANSYS Autodyn 软件功能强大,是一个用来解决固体、流体、气体以及相互作用的高度非线性动力学问题的显式分析模块。该软件不仅计算稳健、使用方便,而且还提供了很多高级功能。

与其他显式动力学软件相比,ANSYS Autodyn 软件具有易学、易用、直观、方便、交互式图形界面的特性。

采用 ANSYS Autodyn 进行仿真分析可以大大降低工作量,提高工作效率和降低劳动成本。通过自动定义接触和流固耦合界面,以及使用默认参数,可以大大节约时间和降低工作量。

ANSYS Autodyn 提供了如下求解技术。

- 有限元法,用于计算结构动力学(FE)。
- 有限体积法,用于快速瞬态计算流体动力学(CFD)。
- 无网格粒子法,用于高速、大变形和碎裂(SPH)。
- 多求解器耦合,用于多种物理现象耦合情况下的求解。
- 丰富的材料模型,包括材料本构响应和热力学计算。
- 串行计算及共享内存式和分布式并行计算。

ANSYS Workbench 平台提供了一个有效的仿真驱动产品开发环境。

- CAD 双向驱动。
- 显式分析网格的自动生成。
- 自动接触面探测。
- 参数驱动优化。
- 仿真计算报告的全面生成。
- 通过 ANSYS DesignModeler 实现几何建模、修复和清理。

3. ANSYS LS-DYNA

ANSYS LS-DYNA 软件为功能成熟、输入要求复杂的程序提供了方便、实用的接口技术,以连接已有较多应用的显式动力学求解器。

在经典的 ANSYS 参数化设计语言(APDL)环境中,ANSYS Mechanical 软件的用户早已可以进行显式分析求解。

采用 ANSYS Workbench 强大的 CAD 双向驱动工具、几何清理工具、自动划分与丰富的网格划分工具可以完成 LS-DYNA 分析中初始条件、边界条件的快速定义。

显式动力学计算充分利用 ANSYS Workbench 的功能特点生成 LS-DYNA 求解计算用的关键字输入文件(.k),另外,安装程序中还包含了 LS-PrePost,能够对显式动力学仿真结果进行专业的后处理。

12.2 实例 1:钢柱撞击金属网分析

扫码看视频

本案例主要对 LS-DYNA 模块进行实例讲解,计算一个空心钢球撞击金属网的一般步骤。

学习目的:熟练掌握 LS-DYNA 显式动力学分析的方法及过程。

模型文件	网盘 \ char12 \ char12-1 \ Model_Ly. agdb
结果文件	网盘 \ char12 \ char12-1 \ Impicit. wbpj

12. 2. 1 问题描述

模型如图 12-1 所示，用 LS-DYNA 来模拟撞击过程。

12. 2. 2 建立分析项目

Step 01 启动 ANSYS Workbench，进入主界面。

Step 02 双击主界面工具箱中的"组件系统"→"几何结构"选项，即可在项目原理图中创建分析项目 A，如图 12-2 所示。

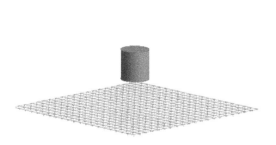

图 12-1　模型　　　　　　　　　　　　图 12-2　创建分析项目 A

Step 03 右击项目 A 中的 A2，在弹出的图 12-3 所示快捷菜单中依次选择"导入几何模型"→"浏览"命令。

Step 04 在弹出的图 12-4 所示"打开"对话框中选择文件路径，导入 Model_Ly. agdb 几何文件，此时 A2"几何结构"后的 ❓ 变为 ✔️，表示实体模型已经存在。

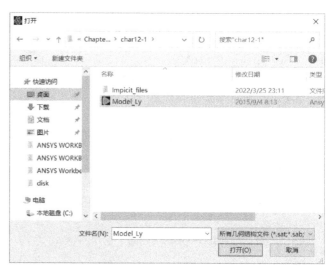

图 12-3　快捷菜单　　　　　　　　　　图 12-4　导入几何文件

Step 05 拖动 LS-DYNA 显式动力学分析模块到项目原理图中，如图 12-5 所示。将 A 中的 A2"几何结构"直接拖到项目 B 的 A2 栏，则建立了 Workbench LS-DYNA 分析流程，如图 12-6

所示。

图 12-5　添加分析项目　　　　　　　　　　图 12-6　分析流程

12.2.3　材料选择与赋予

Step 01 双击项目 B 中的 B2 "工程数据"，在工程数据管理器的工具栏单击 ⊞ "工程数据源" 按钮，如图 12-7 所示，在 "工程数据源" 中选择 "一般材料"，然后单击 "轮廓 General Materials" 中铝合金材料后面的 ⊕ 按钮，选中材料。

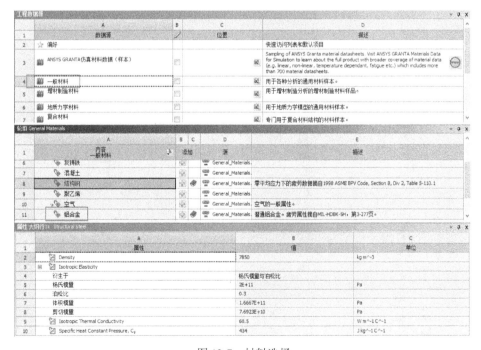

图 12-7　材料选择

注：如果材料被选中，则在相应的材料名称后面出现一个 ⬚ 图标。

Step 02 单击工具栏的 "项目" 按钮退出材料库。

Step 03 双击项目 B 中的 B4 "模型" 栏，进入图 12-8 所示的 Mechanical 平台，在该界面下即可进行材料赋予、网格划分，模型计算与后处理等工作。

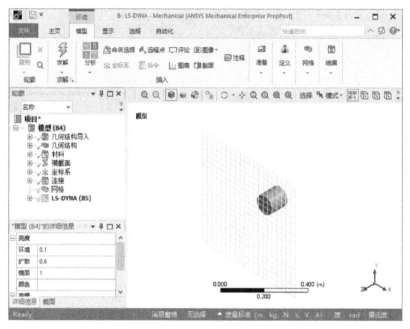

图 12-8　Mechanical 平台

注：在 Workbench LS-DYNA 的 Mechanical 分析平台中，可以看到一些 LS-DYNA 专用的程序命令。

Step 04 如图 12-9 所示，在模型树中单击 "几何结构" →Line Body，在 "Line Body" 的详细信息面板中，"材料" → "任务" 栏选择 "铝合金"。

Step 05 如图 12-10 所示，按上述步骤将结构钢材料赋予 Solid 几何。

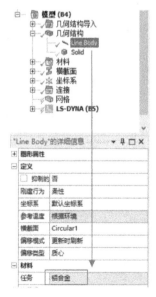

图 12-9　材料赋予 1

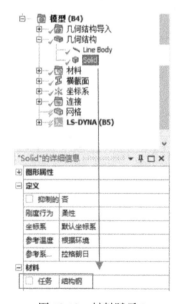

图 12-10　材料赋予 2

12.2.4　划分网格

Step 01　如图 12-11 所示，两个几何实体已经被程序自动设置好连接，本算例按默认即可。

Step 02　右击"模型（B4）"→"网格"节点，在弹出的快捷菜单中选择 ⚡"生成网格"命令，进行网格划分，划分完成后的网格效果如图 12-12 所示。

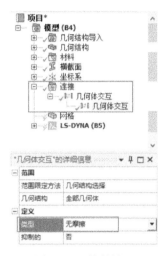

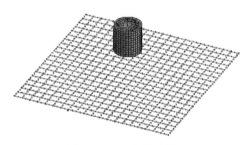

图 12-11　接触设置　　　　　　　　　　　　　图 12-12　网格划分效果

12.2.5　施加载荷和约束

Step 01　选择 Mechanical 界面左侧"模型（B4）"中的 LS-DYNA（B5）→"初始条件"节点，此时会出现图 12-13 所示的"条件"工具栏。

Step 02　选择"条件"工具栏的"速度"命令，此时在模型树中会出现"速度"节点，如图 12-14 所示。

图 12-13　"初始条件"工具栏　　　　　　　　　图 12-14　添加速度约束

Step 03 单击工具栏的 （选择体）按钮，选择球几何模型，在"速度"的详细信息面板中做如下设置。

- 单击"几何结构"选项中的"应用"按钮。
- 在"定义依据"栏选择"分量"选项。
- 在"X分量"与"Y分量"栏输入 0m/s，在"分量"栏输入 200m/s，如图 12-15 所示。

图 12-15　施加速度载荷

Step 04 单击 LS-DYNA（B5）→"分析设置"节点，在出现的"分析设置"详细信息面板中，"结束时间"栏输入 5e-2，其他保持默认值即可。

Step 05 选择 Mechanical 界面左侧的"模型（B5）"→LS-DYNA（B5）节点，在出现的"环境"工具栏选择图 12-16 所示的"结构"→"固定的"命令。

Step 06 单击工具栏的 （选择点）按钮，然后选择钢网四周的节点（共有 81 个），如图 12-17 所示。

图 12-16　添加固定约束

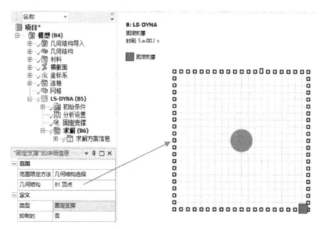

图 12-17　设置约束

Step 07 右击模型树中的 LS-DYNA（B5）节点，在弹出的快捷菜单中选择 "求解" 命令，开始计算，如图 12-18 所示。

Step 08 经过一段时间的处理后会在信息窗口中显示提示信息，表明已成功创建 LS-DYNA 计算用的 .k 格式文件。

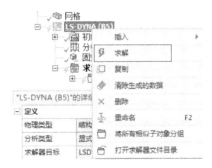

图 12-18　求解　　　　　　　　　　　　　　　图 12-19　"求解" 工具栏

12.2.6　Autodyn 计算

Step 01 双击工具箱的 "组件系统" →Autodyn 选项，此时出现图 12-19 所示项目 C。

Step 02 双击项目 C 中的 C2 "设置" 栏，进入图 12-20 所示的 Autodyn 平台。

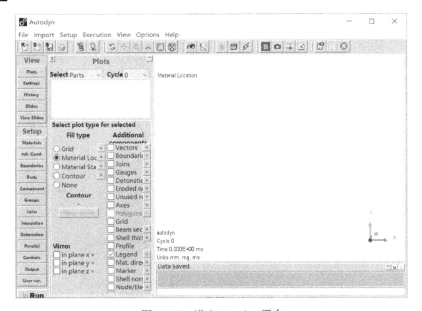

图 12-20　进入 Autodyn 平台

Step 03 选择菜单栏的 Import→from LS-DYNA（.k）命令，在弹出的图 12-21 所示对话框中选择 LSDYNAexport.k 文件，并单击 "打开" 按钮。

Step 04 在弹出的图 12-22 所示 Import from LS-DYNA 对话框中勾选前两项并单击√按钮。

Step 05 经过一段时间的数据导入，图形窗口中将显示图 12-23 所示几何模型。

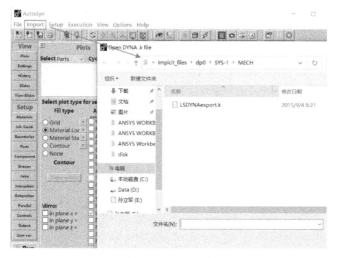

图 12-21　导入文件

图 12-22　导入设置

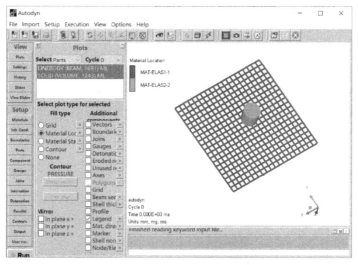

图 12-23　几何模型

Step 06 单击左侧的 Materials 按钮，选择 MAT-ELAS1-1 选项，单击 Modify 按钮，在弹出的 Material Data Input - MAT-ELAS1-1 对话框中将材料名成改为 zhu，单击√按钮。

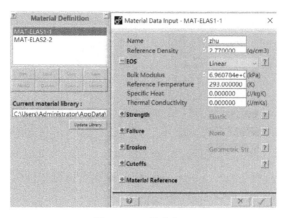

图 12-24　重命名 1

Step 07 同样操作，在图 12-25 所示界面中将 MAT-ELAS2-2 重命名为 wang，单击√按钮。

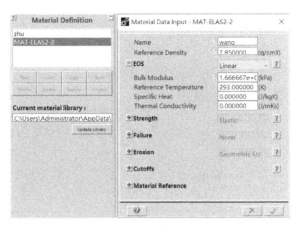

图 12-25　重命名 2

Step 08 如图 12-26 所示，单击左侧的 Interaction 按钮，在出现的 Interactions 面板中进行接触设置。

- 单击 Lagrange/Lagrange 按钮。
- 在 Type 栏选择 External Gap 选项。
- 单击 Calculate 按钮及 Check 按钮，此时 Gap size 栏将显示 0.616162。

Step 09 如图 12-27 所示，单击左侧的 Controls 按钮，在出现的 Define Solution Controls 面板中进行求解设置。

- 在 Cycle limit 栏输入 10000000。
- 在 Time limit 栏输入 0.15。
- 在 Energy 栏输入 0.05。
- 在 Energy ref. 栏输入 10000000。

Step 10 如图 12-28 所示，单击左侧的 Output 按钮，在出现的 Define Output 面板中进行输出设置。

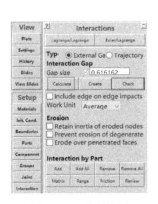

图 12-26　接触设置

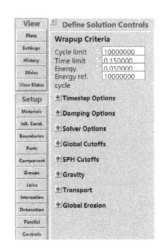

图 12-27　求解设置

图 12-28　输出设置

- 选择 Times 单选项。

- 在 End Time 栏输入 0.15。

- 在 Increment 栏输入 0.05。

Step 11 单击 Run 按钮即可进行计算，计算完成后保存文件为 Implicit。

扫码看视频

12.3 实例 2：金属块穿透钢板分析

本节主要介绍 ANSYS Workbench 的显式动力学分析模块，计算金属块冲击钢板时钢板的受力情况。

学习目的：熟练掌握 ANSYS Workbench 显示动力学分析的方法及过程。熟练掌握在 SpaceClaim 软件中建模的方法。

模型文件	网盘 \ char12 \ char12-2 \ chongji. stp
结果文件	网盘 \ char12 \ char12-2 \ autodyn_ex. wbpj

12.3.1 问题描述

几何模型如图 12-29 所示，请用 ANSYS Workbench 分析钢板的受力情况。

12.3.2 建立分析项目

Step 01 启动 ANSYS Workbench，进入主界面。

Step 02 双击主界面工具箱中的"分析系统"→"显式动力学"选项，即可在项目原理图中创建分析项目 A，如图 12-30 所示。

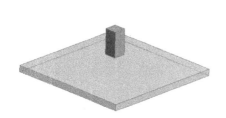

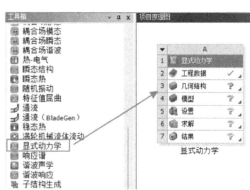

图 12-29　几何模型　　　　　　　　　　　图 12-30　创建分析项目 A

12.3.3 导入几何模型

Step 01 在 A2"几何结构"上右击，在弹出的快捷菜单中选择"导入几何模型"→"浏览"命令，如图 12-31 所示。

Step 02 此时打开图 12-32 所示的"打开"对话框，在对话框中选择 Geom. agdb 文件。

图 12-31　导入几何模型　　　　　　图 12-32　"打开"对话框

Step 03 双击 A3 栏进入 DesignModeler 平台，如图 12-33 所示，然后退出即可。

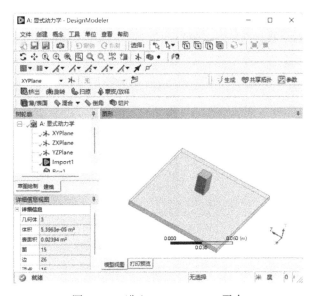

图 12-33　进入 DesignModeler 平台

12.3.4　添加工程数据

Step 01 双击工具箱中的"组件系统"→"工程数据"选项，此时出现图 12-34 所示的"工程数据"项目。

Step 02 双击 A2"工程数据"，进入工程数据设置窗口，单击工具栏的 按钮进入工程数据库，此时默认的工程数据库如图 12-35 所示。

Step 03 单击"工程数据源"中最后一行 C 列中

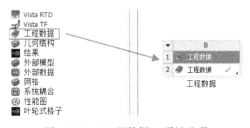

图 12-34　"工程数据"项目选项

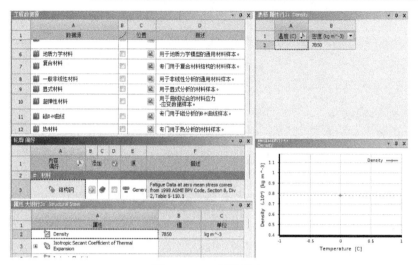

图 12-35　工程数据库

的 按钮，以添加工程数据，如图 12-36 所示。

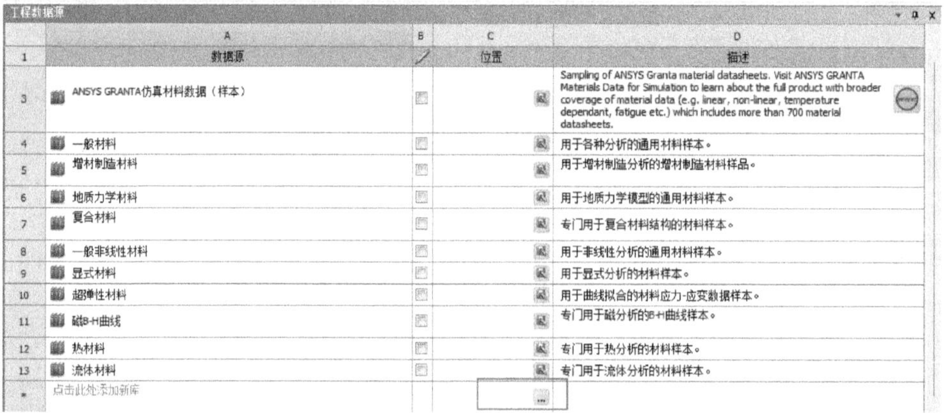

图 12-36　工程数据添加按钮

Step 04 此时弹出图 12-37 所示的"打开"对话框，在对话框中选择 MatML 文件，并单击"打开"按钮，完成工程数据文件添加。

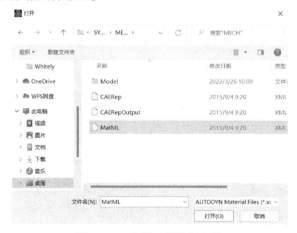

图 12-37　选择工程数据文件

12.3.5　添加材料

Step 01　双击项目 A 中的 A2 "工程数据"，此时会出现图 12-38 所示的材料列表。

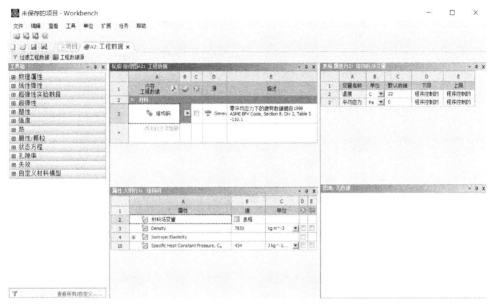

图 12-38　材料列表

Step 02　单击工具栏的 ▒ 按钮，进入图 12-39 所示的材料库，在材料库中列举了应用与不同领域及分析方向的材料库，其中部分材料需要单独添加，添加材料方法如下。

	A	B	C	D
1	数据源		位置	描述
2	☆ 偏好			快速访问列表和默认项目
3	ANSYS GRANTA仿真材料数据（样本）			Sampling of ANSYS Granta material datasheets. Visit ANSYS GRANTA Materials Data for Simulation to learn about the full product with broader coverage of material data (e.g. linear, non-linear, temperature dependant, fatigue etc.) which includes more than 700 material datasheets.
4	一般材料			用于各种分析的通用材料样本。
5	增材制造材料			用于增材制造分析的增材制造材料样品。
6	地质力学材料			用于地质力学模型的通用材料样本。
7	复合材料			专门用于复合材料结构的9材料样本。
8	一般非线性材料			用于非线性分析的通用材料样本。
9	显式材料			用于显式分析的材料样本。
10	超弹性材料			用于曲线拟合的材料应力·应变数据样本。
11	磁B-H曲线			专门用于磁分析的B-H曲线样本。
12	热材料			专门用于热分析的材料样本。
13	流体材料			专门用于流体分析的材料样本。
14	MatML			
	点击此处添加新库			

图 12-39　材料库

Step 03　如图 12-40 所示，在"工程数据源"中选择"显式材料"，在"轮廓 Explicit Materials"中选择 STEEL 1006 和 IRON-ARMCO 两种材料。

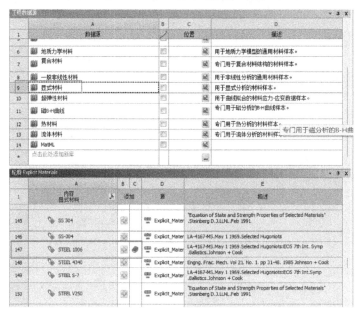

图 12-40　选择材料

Step 04 选择完成后，单击工具栏的"项目"按钮，返回 Workbench 主界面。

12.3.6　显式动力学分析前处理

Step 01 双击项目 A 中的 A4"模型"，此时会出现 Mechanical 界面。

Step 02 选择 Mechanical 界面左侧的"模型（A4）"→"几何结构"→Component1 \ 1 选项，在图 12-41 所示的"Component1 \ 1"详细信息面板中进行如下设置。

- 在"刚度行为"中选择"柔性"选项（默认即可）。
- 在"材料"→"任务"中选择 STEEL 1006 材料。
- 用同样操作设置 Solid 材料为 IRON-ARMCO，如图 12-42 所示。在"刚度行为"中选择"刚性"选项。

图 12-41　Component1 \ 1 材料设置

图 12-42　Solid 材料设置

Step 03 右击"网格"节点，在弹出的快捷菜单中选择"生成"命令，划分网格。

Step 04 图 12-43 所示为划分好的网格模型。

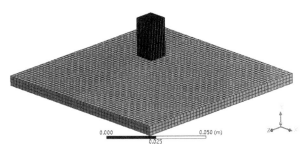

图 12-43　网格划分效果

12.3.7　施加约束

Step 01 选择 Mechanical 界面左侧"模型（A4）"中的"显示动力学（A5）"节点，此时会出现图 12-44 所示的"环境"工具栏。

Step 02 选择"环境"工具栏的"结构"→"固定的"命令，此时在模型树中会出现"固定支撑"节点，如图 12-45 所示。

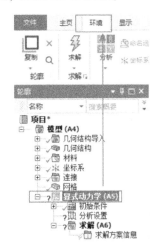

图 12-44　"环境"工具栏　　　　图 12-45　添加固定约束

Step 03 单击工具栏的"选择面"按钮，选择 Component1 \ 1 几何的 4 个侧面，如图 12-46 所示，单击"固定支撑"详细信息面板"几何结构"选项中的"应用"按钮，即可在选中面上施加固定约束。

Step 04 选择 Mechanical 界面左侧"模型（A4）"中的"显示动力学（A5）"节点，此时会出现图 12-47 所示的"环境"工具栏。

Step 05 选择"环境"工具栏的"支撑"→"速度"命令，此时在模型树中会出现"速度"节点，如图 12-48 所示。

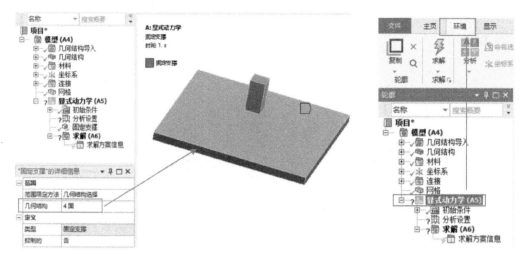

图 12-46　施加固定约束　　　　　　　　　　　　图 12-47　"环境"工具栏

Step 06 单击工具栏的 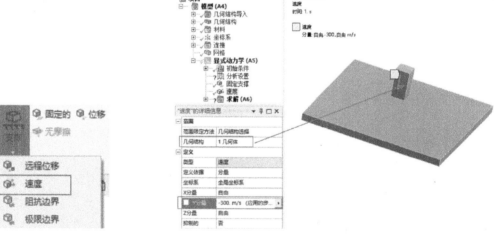（选择实体）按钮，选择 Solid 几何实体，如图 12-49 所示，单击 "速度"详细信息面板"几何结构"选项中的"应用"按钮，在"Y 分量"栏输入−300m/s，即可在选中实体上施加速度约束。

图 12-48　添加速度约束　　　　　　　　　　　图 12-49　施加速度约束

Step 07 单击模型树中的"显示动力学（A5）"→"分析设置"节点，如图 12-50 所示，

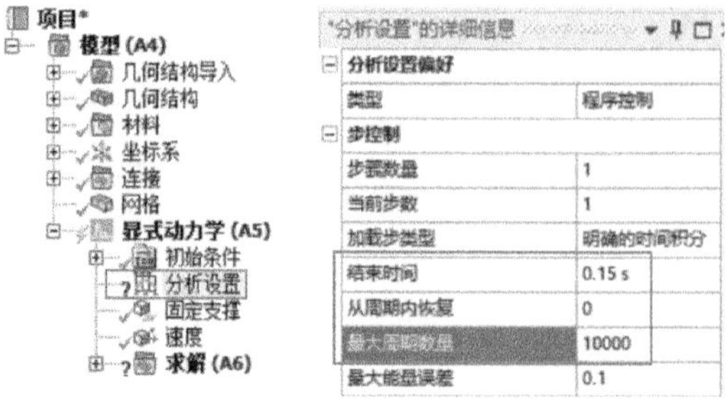

图 12-50　分析设置

在"分析设置"详细信息面板的"结束时间"中输入截止时间为 0.15s，在"最大周期数量"栏输入 10000，其余保持默认即可。

Step 08 在模型树中的"显示动力学（A5）"节点右击，在弹出的快捷菜单中选择 ⚡ "求解"命令。

12.3.8 结果后处理

Step 01 选择 Mechanical 界面左侧的"模型（A4）"→"求解（A6）"节点，此时会出现图 12-51 所示的"求解"工具栏。

Step 02 选择"求解"工具栏的"变形"→"总计"命令和"应力"→"等效（Von-Mises）"命令，如图 12-52 所示，此时在模型树中会出现"总变形"和"等效应力"节点。

图 12-51 "求解"工具栏　　　　　　图 12-52 添加总变形和等效应力

Step 03 右击模型树中的"求解（A6）"节点，在弹出的快捷菜单中选择 ⚡ "评估所有结果"命令。

Step 04 选择模型树中的"求解（A6）"→"总变形"节点，此时会出现图 12-53 所示的总变形云图。

Step 05 等效应力云图如图 12-54 所示。

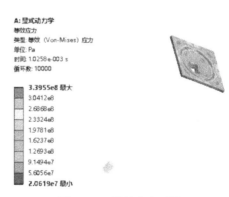

图 12-53 总变形云图　　　　　　　图 12-54 等效应力云图

Step 06 单击图 12-55 所示的图标可以播放动画。

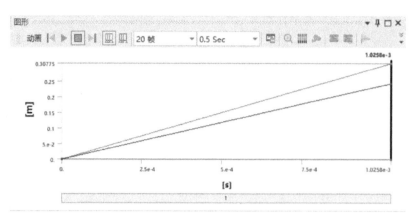

图 12-55　播放动画

Step 07 单击 Mechanical 界面右上角的"关闭"按钮，退出 Mechanical，返回 Workbench 主界面。

12.3.9　启动 Autodyn 软件

Step 01 如图 12-56 所示，将工具箱中的"组件系统"→Autodyn 直接拖到项目 A 的 A5"设置"栏，此时在项目管理图中出现项目 B。

图 12-56　Autodyn 项目

Step 02 双击项目 A 中的 A5 栏，单击"更新"按钮，实现 A、B 项目的数据共享。双击项目 B 的 B2 项，即可启动 Autodyn 软件。

Step 03 图 12-57 所示为 Autodyn 界面，此时几何文件的所有数据均已读入，在软件中只需单击 Run 按钮执行计算即可。

Step 04 选择 View→Plots 命令，单击 Change variable 按钮，在弹出的图 12-58 所示 Select Contour Variable 对话框中，Variable 栏选择 PRESSURE 选项，单击 ✓ 按钮。此时出现图 12-59 所示的压力分布云图。

Step 05 同 Step 5，此时出现图 12-60 所示的 Y 方向位移分布云图。

Step 06 关闭 Autodyn 窗口。

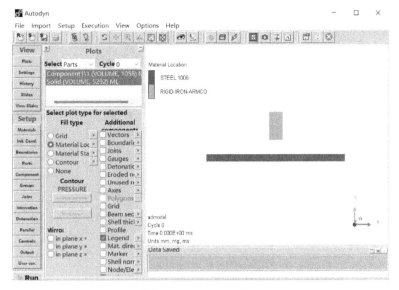

图 12-57　Autodyn 界面

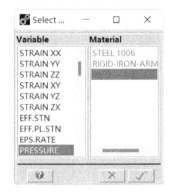

图 12-58　设置

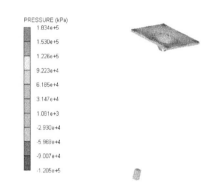

图 12-59　压力分布云图

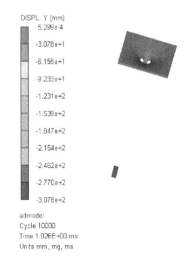

图 12-60　位移分布云图

12.3.10　保存与退出

Step 01　在 Workbench 主界面中单击"常用"工具栏的"保存"按钮，在弹出来的"另存为"对话框中输入文件名 autodyn_ex. wbpj。

Step 02　单击右上角的"关闭"按钮，退出 Workbench 主界面，完成项目分析。

12.4　本章小结

本章详细介绍了 ANSYS Workbench 软件内置的显式动力学分析功能，包括几何导入、网格划分、边界条件设定、后处理等操作，同时还简单介绍了 Autodyn 和 LS-DYNA 两款软件的数据共享和使用方法。

第13章

复合材料分析

本章将对 ANSYS Workbench 软件复合材料分析模块 ACP 进行简单讲解，并通过一个典型案例对 ACP 模块复合材料分析的一般步骤进行详细讲解，包括几何建模（外部几何数据的导入）、材料赋予、网格设置与划分、边界条件的设定和后处理操作。

学习目标 知识点	了 解	理 解	应 用	实 践
复合材料分析应用	√			
复合材料分析意义		√	√	√
ACP 软件的简介	√			
ACP 复合材料建模			√	√
ANSYS Workbench 复合材料激励			√	√
ANSYS Workbench 边界条件			√	√
ACP 复合材料后处理			√	√

13.1 复合材料分析概述

复合材料是指由两种或者两种以上不同性能的材料在宏观尺度上组成的多相材料。一般复合材料的性能优于其组分材料的性能，它改善了组分材料的刚度、强度、热力学等性能。

13.1.1 层合板计算步骤

对于复合材料层合板而言，由于它是由若干个单层板组形成的，而单向复合材料又是正交各向异性材料，层合板各个铺层的纤维排列方式不相同，就可能导致力作用下各铺层的变形不一致，因此，如何决定其最终强度就是一个非常复杂的问题。

根据层合板破坏的特点，目前层合板的极限强度通常按最后层破坏理论来预测，其计算步骤可以大致归纳如下。

1）通过经典层合板理论，计算得到层合板中各铺层所承担的应力和应变。

2）选用合适的破坏准则检查各铺层的强度性能，确定首先发生破坏的铺层，判断是否发生第一次降级。

3）对第一次降级的层合板重新计算刚度，并在第一次降级的相应载荷作用下，计算各铺层的应力和应变。

4）用与第2）步相同的方法来判断是否发生新铺层破坏的连锁反应。若有连锁反应，即出现第二次降级，则重复上述计算步骤直至无连锁反应为止；若无连锁反应，则根据新的铺层破坏条件确定第二次降级的相应载荷增量、应变增量和应力增量。

5）重复上述计算过程，直到层合板中全部铺层完全破坏为止，相应的载荷即为极限载荷。

13.1.2　层合板强度的有限单元法

复合材料的就位特性、各向异性和层状性所产生的各种复杂的力学现象，使得有限元计算技术在复合材料及其结构的力学问题求解中得到了相当广泛的应用。这一领域有两个分支：一是有限元法应用于复合材料结构（如板、壳等）力学问题；二是有限元技术应用于复合材料细观力学行为的模拟分析。前者追求真实工程环境下工程结构问题的解决，后者侧重于材料细观结构与力学性能的关系分析。

在当前理论研究不完善的条件下，数值计算已经成为指导工程实践的最有效的工具。有限元法的引入大大缩短了理论与实际的距离，复合材料的各种力学性能参数可以借助有限元软件很方便地得到。

过去，一个实际的复合材料结构在复杂外载荷条件下的破坏模式及破坏强度如何一直是人们十分关心的问题，在数值计算没有广泛应用之前人们只能采用结构整机试验，这种方法一般来说既费时又费钱。

随着有限元及计算机软硬件的不断发展，用软件来预测和模拟计算复合材料结构的力学性能参数、破坏强度以及破坏过程越来越受到研究人员的重视。因此，许多著名的有限元软件实现了复合材料层合板的应力和应变计算。有些软件的层合板强度计算功能非常强大，如 ANSYS、ESDU、PATRAN、DYNA3D PAMCRASH、PAMSISS、NASTRAN、Abaqus 等，都实现了复合材料层合板强度的计算，但是计算结果的准确性及合理性需要通过实践来检验。

除了结果的准确性和合理性外，各种有限元软件计算的理论基础也需要参考最新的理论成果不断加以完善。在 ANSYS 中，已定义了经典强度理论中的 3 种复合材料破坏准则：最大应变失效准则、最大应力失效准则、Tasi-Wu 失效准则。

13.1.3　ANSYS ACP 模块功能概述

ANSYS CompositePrepPost（ACP）是集成于 ANSYS Workbench 平台的全新复合材料前/后处理模块，可以与 ANSYS 其他模块实现数据的无缝连接。该模块在处理层压复合材料结构方面具有强大的功能。

1）ACP 与 ANSYS 其他模块实现了数据无缝传递，如图 13-1 所示。

图 13-1　ACP 与 ANSYS 其他模块的数据传递

2）ACP 集成于 ANSYS Workbench 平台，人性化的操作界面有利于分析人员进行高效的复合材料建模，如图 13-2 所示。

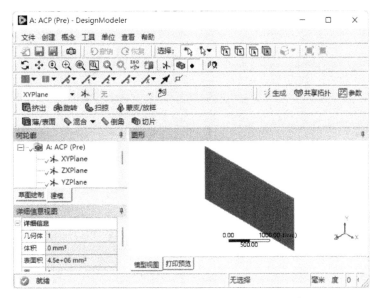

图 13-2　ACP 集成于 ANSYS Workbench 平台

3）ACP 提供了详细的复合材料属性定义方式，如图 13-3 所示。

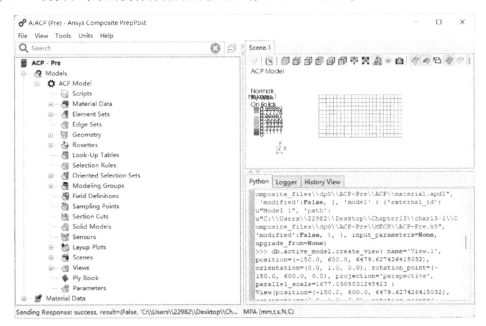

图 13-3　ACP 复合材料属性定义方式

4）在 ACP 模块中，可以直观地定义复合材料铺层信息，如铺层顺序、铺层材料属性、铺层厚度以及铺层方向角等，同时提供了铺层截面信息的检查和校对功能。

5）针对复杂、形状多变的结构，ACP 还提供了 OES（Oriented Element Set）功能，可以精确、方便地解决复合材料铺层方向角的问题，如图 13-4 所示。

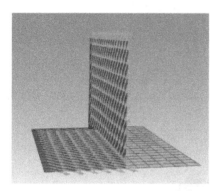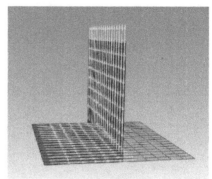

图 13-4　ACP 铺层方向角

在处理复合材料失效问题上，ACP 模块提供了以下 3 种失效准则。

（1）失效模式无关的失效准则

- 最大应力准则：单向复合材料最大应力准则认为，当材料在复杂应力状态下由线弹性状态进入破坏状态，是由于其中某个应力分量达到了材料相应的基本强度值。
- 最大应变准则：复合材料在复杂应力状态下进入破坏状态的主要原因是材料各正轴方向的应变值达到了材料各基本强度所对应的应变值。

（2）多项式失效模式准则

- Tsai-Hill（蔡-希尔）准则：对于材料主轴方向拉压强度相等的正交异性材料而言，满足以下公式：

$$F(\sigma_x - \sigma_y)2 + G(\sigma_y - \sigma_z)2 + H(\sigma_z - \sigma_x)2 + 2L\tau_{yz}^2 + 2M\tau_{zx}^2 + 2N\tau_{xy}^2 = 1$$

$$(F+H)\sigma_x^2 + (F+G)\sigma_y^2 (H+G)\sigma_z^2 - 2H\sigma_x\sigma_z - 2G\sigma_y\sigma_z - 2F\sigma_x\sigma_y + 2L\tau_{yz}^2 + 2M\tau_{zx}^2 + 2N\tau_{xy}^2 = 1$$

式中，F、G、H、L、M、N 称为各向异性系数。

- Tsai-Wu（蔡-吴）准则：蔡-吴准则的一般形式为

$$f(\sigma) = F_i\sigma_i + F_{ij}\sigma_{ij}(i, j = 1, 2, 6)$$

式中，F_i 和 F_{ij} 是表征材料强度性能的参数，为对称张量。

（3）失效模式相关的失效准则

- Hashin 准则：基于材料的参数退化准则，并考虑单层板的累计损伤。
- Puck 准则：Puck 准则认为只要以下 5 个破坏形式中的任何一个条件成立，单层板就出现破坏：轴向拉伸破坏、轴向压缩破坏、横向拉伸破坏、横向受压剪切破坏及斜面剪切破坏。
- LaRC 准则：LaRC 失效准则是直接与失效机理相关的，并与失效包络吻合很好。该准则考虑到拉伸和压缩两种载荷，分别对基体开裂和纤维断裂两种形式进行分析。

ACP 模块还具有强大的结果后处理功能，可获得各种分析结果，如层间应力、应力、应变、最危险的是小区域等；分析结果既可以整体查看，也可以针对每一层进行查看。同时，分析人员也可以很方便地实现多方案分析，如改变材料属性/几何尺寸等。示例如图 13-5 和图 13-6所示。

ACP 模块还提供了 Draping and flat-wrap 功能，在分析结果中可以对复合材料进行“覆盖-展开”操作，这将非常有利于复合材料的加工制造。

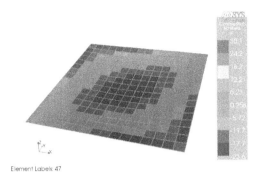

Element Labels: 47

图 13-5　ACP 模型整体结果

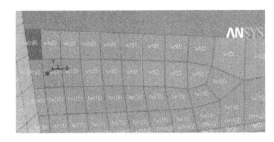

图 13-6　ACP 失效准则结果显示

扫码看视频

13.2　实例：复合板受力分析

本节通过一个简单的案例介绍 ANSYS Workbench 平台的 ACP 复合材料分析模块，对复合板进行应力及失效准则的计算，计算复合板在静拉力作用下各层的失效情况。

学习目标：熟练掌握 ANSYS Workbench 平台 ACP 模块的操作方法及求解过程。

模型文件	无
结果文件	网盘 \ Chapter13 \ char13-1 \ Composite. wbpj

13.2.1　问题描述

复合板模型如图 13-7 所示，请用 ANSYS Workbench 分析复合板在拉力 $F = 5000N$ 作用下，另外一个边固定时的变形情况，同时计算应力分布及各层的失效云图。

图 13-7　复合板模型

13.2.2　启动 Workbench 软件

Step 01 启动 ANSYS Workbench，进入主界面。

Step 02 单击"文件"菜单中的"打开"命令，读取已备份的工程文件，在弹出的图 13-8 所示"打开"对话框中选择 plate. wbpj 文件，并单击"打开"按钮。

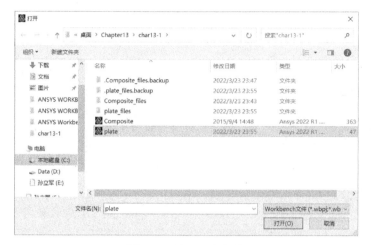

图 13-8　导入工程文件

13.2.3　静力学分析项目

Step 01 双击项目 A 中的 A7 "结果" 栏，此时将加载图 13-9 及图 13-10 所示的位移云图及等效应力云图。

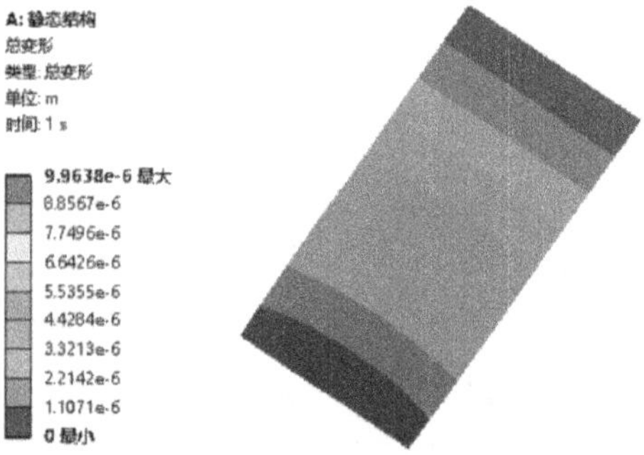

图 13-9　位移云图 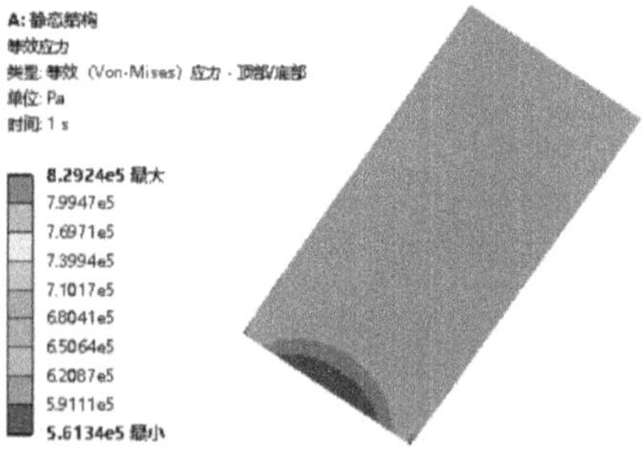　　　　　　　　图 13-10　等效应力云图

注：在静力学分析界面中，读者可以查看边界条件、网格尺寸及后处理等各种操作，这里不再赘述，请读者自己完成。

Step 02 关闭静力学分析平台，回到 Workbench 平台。

Step 03 右击 A5 "设置" 栏，在弹出的快捷菜单中依次选择 "从新建传输数据" →ACP（Pre）命令，此时分析项目变成图 13-11 所示。

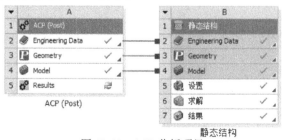

图 13-11　ACP 分析项目

13.2.4 定义复合材料数据

Step 01 双击 A2（Engineering Data），在弹出的图 13-12 所示对话框中进行材料数据定义，具体定义如下。

图 13-12 自定义材料 1

- 在"轮廓 原理图 A2，B2：Engineering Data"表中输入材料名称 UD_T700。
- 将工具箱中的"线性弹性"→Orthotropic Elasticity 拖到"属性 大纲栏 4：UD_T700"表的 A1（属性）中。
- 在杨氏模量 X、Y、Z 方向栏分别输入 1.15E+05、6430、6430。
- 在泊松比 XY、YZ、XZ 栏分别输入 0.28、0.34、0.28。
- 在剪切模量 XY、YZ、XZ 栏均输入 6000。
- 将工具箱中的"强度"→Orthotropic Stress Limits 拖到"属性 大纲栏 4：UD_T700"表的 A1（属性）中。
- 在拉伸 X、Y、Z 方向栏分别输入 1500、30、30。
- 在压缩 X、Y、Z 方向栏分别输入 −700、−100、−100。
- 在剪切 XY、YZ、XZ 栏输入 60、30、60。

注：输入数值前，应先将 C 列中的所有单位改成 MPa（如果单位不是 MPa）。

Step 02 用同样操作定义新材料 Corecell_A550，在弹出的图 13-13 所示界面中进行材料数据定义，具体定义如下。

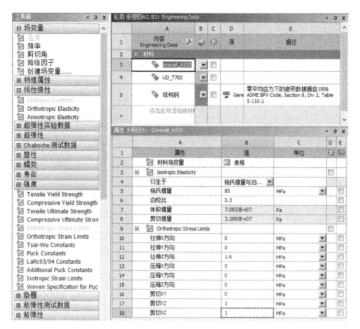

图 13-13　自定义材料 2

- 在"轮廓 原理图 A2，B2：Engineering Data"中输入材料名称 Corecell_A550。
- 将工具箱中的"线性弹性"→Isotropic Elasticity 拖到"属性 大纲栏 3：Corecell_A550"表的 A1（属性）中。
- 在"衍生于"栏选择"杨氏模量及泊松比"选项。
- 在"杨氏模量"栏输入 85。
- 在"泊松比"栏输入 0.3。
- 将工具箱中的"强度"→Orthotropic Strain Limits 拖到"属性 大纲栏 3：Corecell_A550"表的 A1（属性）中。
- 在拉伸 X、Y、Z 方向栏分别输入 0、0、1.6。
- 在压缩 X、Y、Z 方向栏均输入 0。
- 在剪切 XY、YZ、XZ 栏分别输入 0、1、1。

注： 输入数值前，应先将 C 列中的所有单位改成 MPa（如果单位不是 MPa）。

Step 03 返回 Workbench 平台。

13.2.5　数据更新

Step 01 如图 13-14 所示，右击项目 A 中的 A4（Model）栏，在弹出的快捷菜单中选择"更新"命令以更新数据。

Step 02 如图 13-15 所示，右击项目 A 中的 A5（Setup）栏，在弹出的快捷菜单中选择"刷新"命令以刷新数据。

Step 03 双击项目 A 中的 A5（Setup）栏，启动图 13-16 所示 ACP（Pre）平台，在此平台中能完成复合材料的定义工作。

图 13-14　更新数据　　　　　　　　　　图 13-15　刷新数据

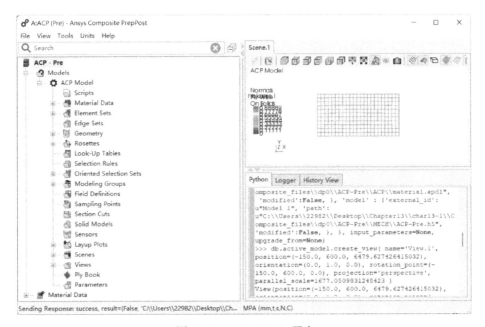

图 13-16　ACP（Pre）平台

13.2.6　ACP 复合材料定义

Step 01　依次单击 ACP-Pre→Models→ACP Model→Material Data→Fabrics 节点，如图 13-17 所示，并在 Fabrics 节点上右击，在弹出的快捷菜单中选择 Create Fabric 命令。

Step 02　在弹出的图 13-18 所示 Fabric Properties 对话框中进行复合材料设置。

- 在 Name 栏输入材料名称 UD_T700_200gsm。
- 在 General→Material 栏选择 UD_T700 选项。

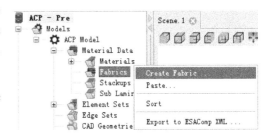

图 13-17　创建 Fabric

- 在 General→Thickness 栏输入厚度 0.2，其余选项保持默认单击 OK 按钮。

Step 03 用同样操作定义图 13-19 所示的 Core 材料。

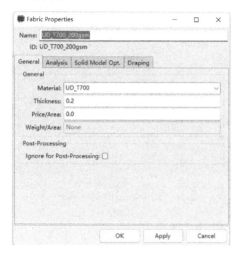

图 13-18　Fabric 定义 1

图 13-19　Fabric 定义 2

- 在 Name 栏输入材料名称 Core。
- 在 General→Material 栏选择 Corecell_A550 选项。
- 在 General→Thickness 栏输入厚度 15，其余选项保持默认单击 OK 按钮。

Step 04 依次单击 ACP-Pre→Models→ACP Model→Material Data→Stackups 节点，如图 13-20 所示，并在 Stackups 节点上右击，在弹出的快捷菜单中选择 Create Stackup 命令。

Step 05 在弹出的图 13-21 所示 Stackup Properties 对话框中进行如下设置。

图 13-20　创建 Stackup

图 13-21　Stackup 定义 1

- 在 Name 栏输入名字 Biax_Carbon_UD。
- 在 Fabrics→Fabric 栏选择 UD_T700_200gsm 选项，在 Angle 栏输入 45°。
- 在下一个 Fabric 栏选择 UD_T700_200gsm 选项，在 Angle 栏输入-45°，其余选项保持默认并单击 OK 按钮，完成输入。
- 打开 Analysis 选项卡，勾选 Layup→Analysis Plies（AP）复选框。
- 勾选 Text→Angles 复选框。
- 勾选 Polar→E1、E2、G12 三个复选框，并单击 Apply 按钮，此时出现图 13-22 所示的极坐标属性。

Step 06 依次单击 ACP-Pre→Models→ACP Model→Material Data→Sub Laminate 节点，如图 13-23 所示，并在 Sub Laminate 节点上右击，在弹出的快捷菜单中选择 Create Sub Laminate 命令。

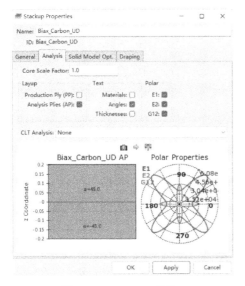

图 13-22　Stackup 定义 2

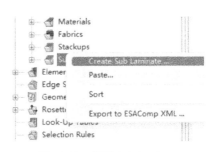

图 13-23　创建 Sub Laminate

Step 07 在弹出的图 13-24 所示 Sub Laminate Properties 对话框中进行如下设置。

- 在 Name 栏输入名字 SubLaminate。
- 在 Fabrics→Fabric 栏选择 Biax_Carbon_UD 选项，在 Angle 栏输入 0。
- 在下一个 Fabric 栏选择 UD_T700_200gsm 选项，在 Angle 栏输入 90。
- 在第三个 Fabric 栏选择 Biax_Carbon_UD 选项，在 Angle 栏输入 0。
- 其余选项保持默认并单击 Apply 按钮，完成输入。
- 打开 Analysis 选项卡，勾选 Layup→Analysis Plies（AP）复选框。
- 勾选 Text→Angle 复选框。
- 勾选 Polar→E1、E2、G12 三个复选框，并单击 Apply 按钮，此时出现图 13-25 所示的极坐标属性。

图 13-24　Sub Laminate 定义 1

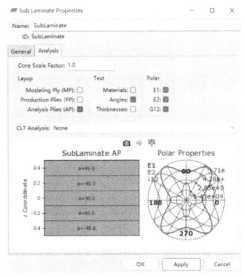

图 13-25　Sub Laminate 定义 2

Step 08 依次单击 ACP-Pre→Models→ACP Model→Oriented Element Sets 节点，如图 13-26 所示，并在 Oriented Element Sets 节点上右击，在弹出的快捷菜单中选择 Create Oriented Element Set 命令。

Step 09 在弹出的图 13-27 所示 Oriented Element Set Properties 对话框中进行如下设置。

- 在 Name 栏输入名字 OES_Plate。
- 在 General 选项卡中进行如下设置：选中 Element Sets 栏的［］，然后选择 ACP-Pre→Models→ACP Model→ElementSets 节点，此时［］将变成［'All_Elements'］。

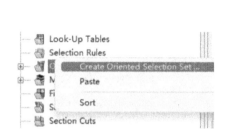

图 13-26 创建 Oriented Selection Set

图 13-27 单元方向属性

- 在 Orientation→Point 栏选中内容，然后单击几何图形的任意一点，此时将输入坐标点。
- 在 Rosettes 栏选择 ACP-Pre→Models→ACP Model→Rosettes 节点，此时［］变成［'Rosettes'］。
- 单击 Apply 按钮确定输入。

Step 10 在 Rosettes 栏右击，在弹出的快捷菜单中选择 Update 命令。

Step 11 在工具栏单击 图标，几何将显示单元方向，如图 13-28 所示。

Step 12 在工具栏单击 图标，几何将显示单元方向，如图 13-29 所示。

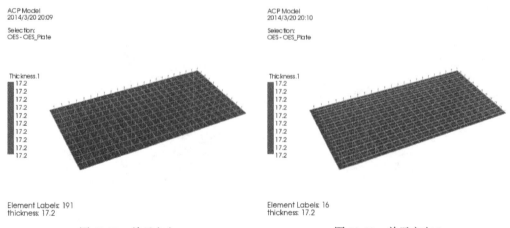

图 13-28 单元方向 1

图 13-29 单元方向 2

Step 13 依次单击 ACP-Pre→Models→ACP Model→Modeling Group 节点，如图 13-30 所示，并在 Modeling Group 节点上右击，在弹出的快捷菜单中选择 Create Modeling Group 命令。

Step 14 在弹出的图 13-31 所示 Modeling Group Properties 对话框中进行如下设置。

- 在 Name 栏输入名字为 sandwich_bottom。
- 单击 OK 按钮确定输入。

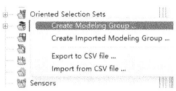

图 13-30　创建 Modeling Group　　　图 13-31　Modeling Group Properties 对话框 1

Step 15 用同样操作添加其他两项，名字分别为 sandwich_core 及 sandwich_top，如图 13-32 和图 13-33 所示。

图 13-32　Modeling Group Properties 对话框 2　图 13-33　Modeling Group Properties 对话框 3

Step 16 依次单击 ACP-Pre→Models→ACP Model→Modeling Groups→sandwich_bottom 节点，如图 13-34 所示，并在 sandwich_bottom 节点上右击，在弹出的快捷菜单中选择 Create Ply 命令。

Step 17 在弹出的图 13-35 所示 Modeling Ply Properties 对话框中进行如下设置。

图 13-34　创建 Ply1　　　　　　　　　图 13-35　Ply 属性定义 1

- 在 Name 栏输入名字 bottom_1。
- 选中 Orientation Element Sets 栏的 [ ]，然后选择 ACP-Pre→Models→ACP Model→Oriented Element

Sets 节点，此时［］将变成［'OES_Plate'］。

- 在 Ply Material 栏选择 SubLaminate 选项。

- 其余选项保留默认设置即可单击 OK 按钮确定输入。

Step 18 依次单击 ACP-Pre→Models→ACP Model→Modeling Groups→sandwich_core 节点，如图 13-36 所示，并在 sandwich_core 节点上右击，在弹出的快捷菜单中选择 Create Ply 命令。

Step 19 在弹出的图 13-37 所示 Modeling Ply Properties 对话框中进行如下设置。

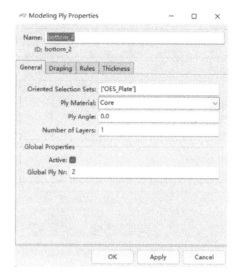

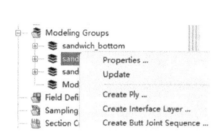

图 13-36　创建 Ply2　　　　　　　图 13-37　Ply 属性定义 2

- 在 Name 栏输入名字 bottom_2。

- 选中 Orientation Element Sets 栏的［］，然后选择 ACP-Pre→Models→ACP Model→Oriented Element Sets 节点，此时［］变成［'OES_Plate'］。

- 在 Ply Material 栏选 Core 选项。

- 其余选项保留默认设置即可，单击 OK 按钮确定输入。

Step 20 依次单击 ACP-Pre → Models → ACP Model → Modeling Groups→sandwich_top 节点，如图 13-38 所示，并在 sandwich_top 节点上右击，在弹出的快捷菜单中选择 Create Ply 命令。

Step 21 在弹出的图 13-39 所示 Modeling Ply Properties 对话框中进行如下设置。

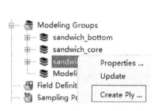

图 13-38　创建 Ply3

- 在 Name 栏输入名字 bottom_3。

- 选中 Orientation Element Sets 栏的［］，然后选择 ACP-Pre→Models→ACP Model→Material Data→Oriented Element Sets 节点，此时［］变成［'OES_Plate'］。

- 在 Ply Material 栏选 Biax_Carbon_UD 选项。

- 在 Ply Angle 栏输入 90。

- 在 Number of Layers 栏输入 3。

- 其余选项保留默认设置即可。单击 OK 按钮确定输入。

Step 22 右击 sandwich_bottom 节点，并选择 Update 命令刷新数据后，Modeling Groups 选项变成图 13-40 所示之内容。

图 13-39　Ply 属性定义 3

图 13-40　复合材料层数据

Step 23 单击 File 菜单中的 Save Project 命令，关闭 ACP（Pre）平台，返回 Workbench 主界面。

13.2.7　有限元计算

Step 01 右击项目 A 中的 A5（Setup）栏，在图 13-41 所示的快捷菜单中选择 "更新" 命令以更新数据。

Step 02 右击项目 B 中的 B5（Section Data）栏，在图 13-42 所示的快捷菜单中选择 "更新" 命令以更新输入数据。

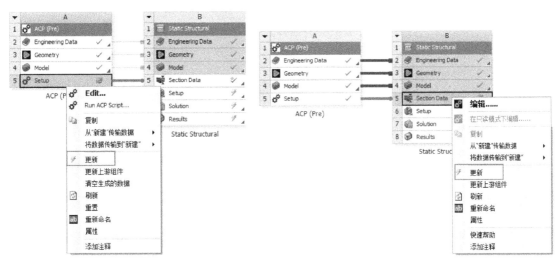

图 13-41　更新数据　　　　　　　　　　图 13-42　更新输入数据

Step 03 单击 Workbench 工具栏的"更新项目"命令以计算其他数据。

13.2.8 结果后处理

双击项目 B 中的 B8（Results）栏进入后处理界面，图 13-43 所示为复合材料变形云图，图 13-44 所示应力分布云图。

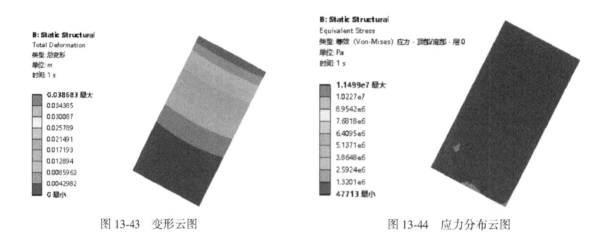

图 13-43 变形云图　　　　　　　　　　　　　图 13-44 应力分布云图

13.2.9 ACP 后处理工具

Step 01 如图 13-45 所示，从工具箱的"组件系统"中将 ACP（Post）直接拖到 B4（Model）栏。

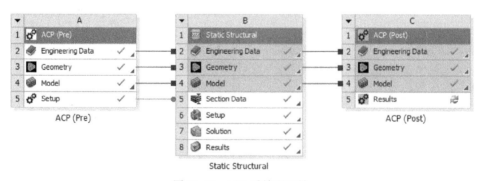

图 13-45 ACP 后处理工具

Step 02 单击 Workbench 工具栏的"更新项目"命令以计算其他数据。

Step 03 双击项目 C 中的 C5（Results）栏，此时进入 ACP（Post）界面，如图 13-46 所示。图 13-47 所示为复合材料变形云图。

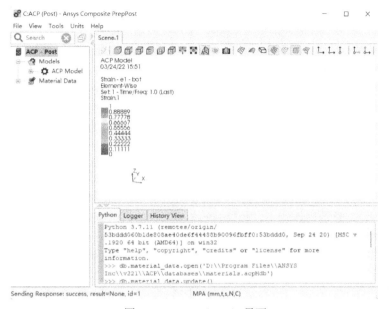

图 13-46 ACP（Post）界面

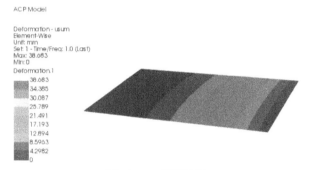

图 13-47 变形云图

13.2.10 保存与退出

Step 01 单击 Mechanical 界面右上角的"关闭"按钮，退出 Mechanical，返回 Workbench 主界面。

Step 02 在 Workbench 主界面中单击"常用"工具栏的"保存"按钮，保存包含分析结果的文件。

Step 03 单击右上角的"关闭"按钮，退出 Workbench 主界面，完成项目分析。

13.3 本章小结

本章详细介绍了 ANSYS Workbench 软件复合材料模块 ACP 的使用方法，包括层设置、后处理等操作。

通过本章的学习，读者应该对层压板复合材料的分析过程有了了解，由于篇幅限制，本章并未对 ANSYS ACP 模块进行详细讲解，如果读者想深入学习，请参考相关教程。

第14章

疲 劳 分 析

结构失效的一个常见原因是疲劳，与重复加载有关，如长期转动的齿轮、叶轮等，都会存在不同程度的疲劳破坏，轻则零件损坏，重则出现生命危险，为了在设计阶段研究零件的预期疲劳程度，通过有限元的方式对零件进行疲劳分析成为必不可少的一环。本章主要介绍 ANSYS Workbench 软件的疲劳分析使用方法，讲解疲劳分析的计算过程。

学习目标 知 识 点	了 解	理 解	应 用	实 践
疲劳分析的应用	√			
疲劳分析的意义		√		
ANSYS Workbench 疲劳分析		√	√	√

14.1 疲劳分析简介

1. 疲劳概述

疲劳通常分为两类：高周疲劳和低周疲劳。高周疲劳是在载荷的循环（重复）次数较高（如1e+4~1e+9）的情况下产生的，因此，应力通常比材料的极限强度低，应力疲劳用于高周疲劳；低周疲劳是在循环次数相对较低时发生的，塑性变形常常伴随低周疲劳，其展现了短疲劳寿命，一般认为应变疲劳应该用于低周疲劳计算。

在设计仿真中，疲劳模块拓展程序采用的是基于应力疲劳的理论，它适用于高周疲劳。

2. 恒定振幅载荷

前面曾提到，疲劳是由于重复加载而引起的，当最大和最小的应力水平恒定时，称为恒定振幅载荷，反之则称为变化振幅或非恒定振幅载荷。

3. 比例载荷与非比例载荷

载荷可以是比例载荷，也可以非比例载荷。比例载荷是指主应力的比例是恒定的，并且主应力的削减不随时间变化，这实际意味着由于载荷的增加或反作用而造成的响应很容易计算得到。相反，非比例载荷没有隐含各应力之间的相互关系，典型情况包括：

- $\sigma 1/\sigma 2$ 为常量，如图 14-1 所示。
- 在两个不同载荷工况间的交替变化。
- 交变载荷叠加在静载荷上。
- 非线性边界条件。

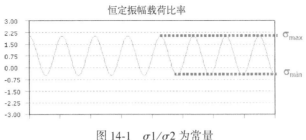

图 14-1 $\sigma1/\sigma2$ 为常量

4. 应力定义

考虑在最大、最小应力值 σ_{min} 和 σ_{max} 作用下的比例载荷、恒定振幅的情况：

- 应力范围 $D\sigma$ 定义为 $(\sigma_{max}-\sigma_{min})$。
- 平均应力 σ_m 定义为 $(\sigma_{max}+\sigma_{min})/2$。
- 应力幅或交变应力 σ_a 是 $D\sigma/2$。
- 应力比 R 是 $\sigma_{min}/\sigma_{max}$。

当施加的是大小相等且方向相反的载荷时，发生的是对称循环载荷。这就是 $\sigma_m=0$，$R=-1$ 的情况。

当施加载荷后又撤除该载荷时，将发生脉动循环载荷。这就是 $\sigma_m=\sigma_{max}/2$，$R=0$ 的情况。

5. 应力-寿命曲线

载荷与疲劳失效的关系采用应力-寿命曲线或 S-N 曲线来表示。

1）若某一部件在承受循环载荷，则经过一定的循环次数后，该部件的裂纹或破坏将会发展，而且有可能导致失效。

2）如果同一个部件作用在更高的载荷下，导致失效的载荷循环次数将减少。

3）应力-寿命曲线或 S-N 曲线展示了应力幅与失效循环次数的关系。

S-N 曲线是通过对试件做疲劳测试得到的弯曲或轴向测试，反映的是单轴的应力状态。影响 S-N 曲线的因素很多，其中有些因素需要注意，具体如下：材料的延展性、材料的加工工艺、几何形状信息（包括表面粗糙度、残余应力以及存在的应力集中）、载荷环境（包括平均应力、温度和化学环境）。

例如，压缩平均应力比零平均应力的疲劳寿命长，相反，拉伸平均应力比零平均应力的疲劳寿命短，对压缩和拉伸平均应力，平均应力将分别提高和降低 S-N 曲线。

6. 总结

疲劳模块允许用户采用基于应力理论的处理方法来解决高周疲劳问题。以下情况可以用疲劳模块来处理。

- 恒定振幅，比例载荷。
- 变化振幅，比例载荷。
- 恒定振幅，非比例载荷。

需要输入的数据是材料的 S-N 曲线。

1）S-N 曲线由疲劳试验获得，而且可能本质上是单轴的，但在实际的分析中，部件可能处于多轴应力状态。

2）S-N 曲线的绘制取决于许多因素，包括平均应力，在不同平均应力值作用下的S-N曲线应力值可以直接输入，也可以通过平均应力修正理论来实现。

14.2 疲劳分析方法

ANSYS 疲劳模块采用的是基于应力疲劳的理论，它适用于高周疲劳。接下来介绍一下如何对基于应力疲劳理论的问题进行处理。

14.2.1 疲劳程序

疲劳分析是在线性静力学分析完成之后通过设计仿真自动执行的。

注：1）对疲劳工具的添加，无论在求解之前还是计算之后，都是可以的，因为疲劳计算过程与应力分析过程是相互独立的。

2）尽管疲劳与循环或交变载荷有关，但使用的结果却基于线性静力学分析，而不是谐分析。如果在模型中也可能存在非线性，处理时就要谨慎了，因为疲劳分析是假设为线性行为的。

ANSYS Workbench 平台的疲劳计算目前还不能支持线体模型输出应力结果，所以疲劳计算对于线体是忽略的。但是线体仍然可以包括在模型中，以便给结构提供刚性，但并不参与疲劳计算。

由于有线性静力学分析，所以需要用到弹性模量（杨氏模量）和泊松比；如果有惯性载荷，则需要输入质量密度；如果有热载荷，则需要输入热膨胀系数和热传导率；如果使用应力工具结果，就需要输入应力极限数据，而且这个数据也用于疲劳分析中的平均应力修正。

疲劳分析模块也需要用到工程数据分支下材料特性当中的 S-N 曲线数据，数据类型在"疲劳特性"下会说明；S-N 曲线数据是在材料特性分支下的"交变应力-循环"选项中输入的，如果用于不同平均应力或应力比的情况，则需要输入多重 S-N 曲线数据。

14.2.2 疲劳材料特性

在材料特性的工作表中，插入的 S-N 曲线可以是线性、半对数或双对数曲线 3 种，S-N 曲线与平均应力有关。如果 S-N 曲线用于不同的平均应力情况，需要输入多重 S-N 曲线，每个 S-N 曲线可以在不同平均应力下输入，也可以在不同应力比下输入。

14.3 实例：前桥疲劳分析

扫码看视频

本章主要介绍 ANSYS Workbench 静力学分析模块的疲劳分析功能，计算模型在外载荷作用下的寿命周期与安全系数等。

学习目的：掌握 ANSYS Workbench 静力学分析模块的疲劳分析功能的使用方法。

模型文件	网盘 \ Chapter14 \ char14-1 \ solid. agdb
结果文件	网盘 \ Chapter14 \ char14-1 \ Fatigue. wbpj

14.3.1 问题描述

前桥模型如图 14-2 所示，请用 ANSYS Workbench 分析模型的位移与应力分布；假设外载荷

$F = 18750\text{N}$，分析其疲劳特性。

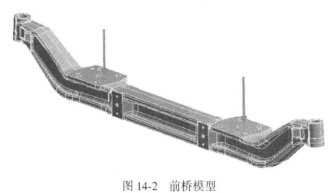

图 14-2　前桥模型

14.3.2　建立分析项目

Step 01 启动 ANSYS Workbench，进入主界面。

Step 02 双击主界面工具箱中的"分析系统"→"静态结构"选项，即可在项目原理图中创建分析项目 A，如图 14-3 所示。

14.3.3　导入几何模型

Step 01 在 A3"几何结构"上右击，在弹出的快捷菜单中选择"导入几何模型"→"浏览"命令，如图 14-4 所示，此时会弹出"打开"对话框。

图 14-3　创建分析项目 A

图 14-4　导入几何模型

Step 02 在弹出的"打开"对话框中选择文件路径，导入 solid. agdb 几何文件，如图 14-5 所示，此时 A3"几何结构"后的 ❓ 变为 ✔，表示实体模型已经存在。

Step 03 双击项目 A 中的 A2"几何结构"，此时会进入 DesignModeler 界面，如图 14-6 所示。

Step 04 此时可在几何体上进行其他的操作。本例无须进行操作。

Step 05 单击 DesignModeler 界面右上角的"关闭"按钮，退出 DesignModeler，返回 Workbench 主界面。

图 14-5　"打开"对话框

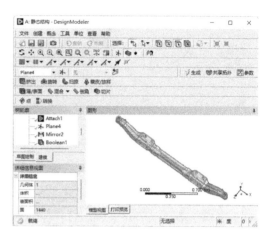

图 14-6　DesignModeler 界面

14.3.4　添加材料库

Step 01 双击项目 A 中的 A2"工程数据"项，进入图 14-7 所示的材料参数设置界面。

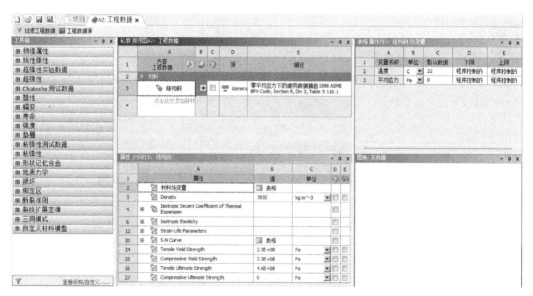

图 14-7　材料参数设置界面

Step 02 单击"属性 大纲栏 3：结构钢"表中的 B12 项，在其右侧出现图 14-8 所示的 S-N 曲线。

Step 03 单击工具栏的"项目"按钮，返回 Workbench 主界面，材料库添加完毕。

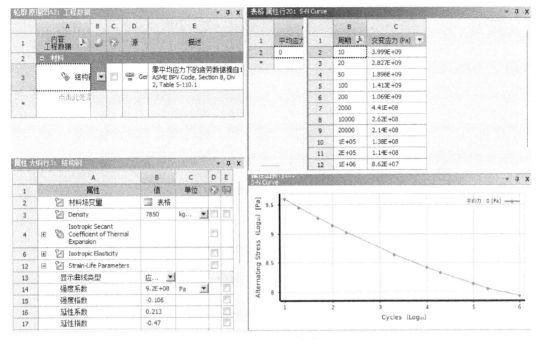

图 14-8　S-N 曲线

14.3.5　添加模型材料属性

Step 01　双击主界面项目管理图项目 A 中的 A3 "模型" 栏，进入图 14-9 所示的 Mechanical 界面，在该界面下即可进行网格划分、分析设置、结果观察等操作。

Step 02　选择 Mechanical 界面左侧的 "模型（A4）" → "几何结构" →solid 节点，此时可以看出在 "solid" 详细信息面板中模型的默认材料为结构钢，如图 14-10 所示。

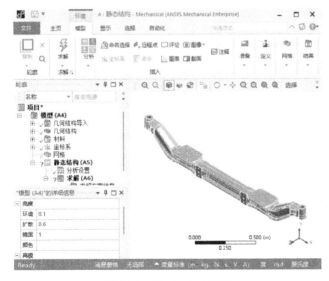

图 14-9　Mechanical 界面

图 14-10　默认材料

14.3.6　划分网格

Step 01 选择 Mechanical 界面左侧的"模型（A4）"→"网格"节点，此时可在"网格"的详细信息面板中修改网格参数，"单元尺寸"设置为 0.05m，其余采用默认设置，如图 14-11 所示。

Step 02 右击"模型（A4）"→"网格"节点，在弹出的快捷菜单中选择 "生成网格"命令，最终的网格效果如图 14-12 所示。

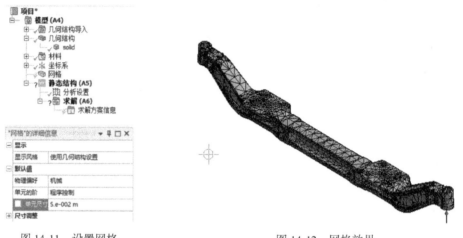

图 14-11　设置网格　　　　　　　　　　　图 14-12　网格效果

14.3.7　施加载荷与约束

Step 01 选择 Mechanical 界面左侧的"模型（A4）"→"静态结构（A5）"节点，此时会出现图 14-13 所示的"环境"工具栏。

Step 02 选择"环境"工具栏的"结构"→"固定的"命令，此时在模型树中会出现"固定支撑"节点，如图 14-14 所示。

图 14-13　"环境"工具栏

图 14-14　添加固定约束

Step 03 选中"固定支撑"节点，选择需要施加固定约束的面，单击"固定支撑"详细信息面板"几何结构"选项中的"应用"按钮，即可在选中面上施加固定约束，如图 14-15 所示。

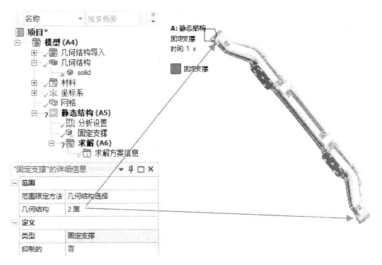

图 14-15　施加固定约束

Step 04 选择"环境"工具栏的"结构"→"力"命令，此时在模型树中会出现"力"节点，如图 14-16 所示。

Step 05 选中"力"节点，选择需要施加压力的面，单击"力"详细信息面板"几何结构"选项中的"应用"按钮，同时在"大小"选项中设置力为 18750N，如图 14-17 所示。

图 14-16　添加力

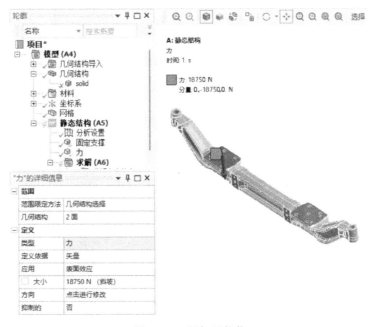

图 14-17　添加面载荷

14.3.8　结果后处理

Step 01 选择 Mechanical 界面左侧的"模型（A4）"→"静态结构（A5）"→"求解（A6）"节点，此时会出现图 14-18 所示的"求解"工具栏。

Step 02 选择"求解"工具栏的"应力"→"等效（Von-Mises）"命令，此时在模型树中会出现"等效应力"节点，如图 14-19 所示。

图 14-18　"求解"工具栏

图 14-19　添加等效应力

Step 03 选择"求解"工具栏的"应变"→"等效（Von-Mises）"命令，如图 14-20 所示，此时在模型树中会出现"等效弹性应变"节点。

Step 04 选择"求解"工具栏的"变形"→"总计"命令，如图 14-21 所示，此时在模型树中会出现"总变形"节点。

图 14-20　添加等效弹性应变

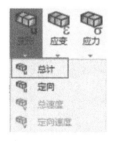

图 14-21　添加总变形

Step 05 右击模型树中的"求解（A6）"节点，在弹出的快捷菜单中选择 ⚡ "求解"命令进行求解。

Step 06 选择模型树中"求解（A6）"下的"等效应力"节点，此时会出现图 14-22 所示的应力分析云图。

Step 07 选择模型树中"求解（A6）"下的"等效弹性应变"节点，此时会出现图 14-23 所示的应变分析云图。

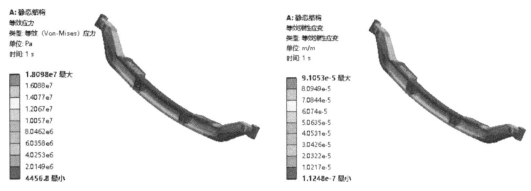

图 14-22 应力分析云图　　　　　　　　　　图 14-23 应变分析云图

Step 08 选择模型树中"求解（A6）"下的"总变形"节点，此时会出现图 14-24 所示的总变形分析云图。

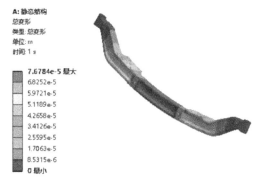

图 14-24 总变形分析云图

14.3.9 保存工程文件

Step 01 在 Workbench 主界面中单击"常用"工具栏的"另存为"按钮，保存文件为 Fatigue. wbpj。

Step 02 双击项目 A 中的 A7"结果"栏，此时会进入 Mechanical 平台。

14.3.10 添加疲劳分析选项

Step 01 右击"求解（A6）"节点，此时会弹出图 14-25 所示快捷菜单，在快捷菜单中依次选择"插入"→"疲劳"→"疲劳工具"命令。

Step 02 单击模型树中的"疲劳工具"节点，如图 14-26 所示，在下面出现的"疲劳工具"详细信息面板中进行如下设置。

- 在"疲劳强度因子（Kf）"栏将数值更改为 0.8。
- 在"类型"栏选择"完全反向"选项。
- 在"分析类型"中选择"应力寿命"选项。
- 在"应力分量"栏选择"等效（Von-Mises）"选项。

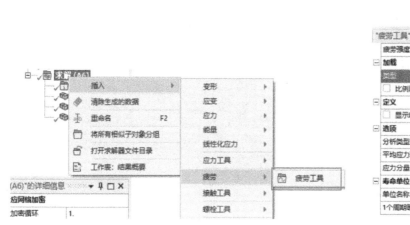

| 图 14-25　添加屈服工具 | 图 14-26　疲劳设置 |

Step 03 右击"疲劳工具"节点，在弹出的快捷菜单中依次选择"插入"→"寿命"命令，如图 14-27 所示。

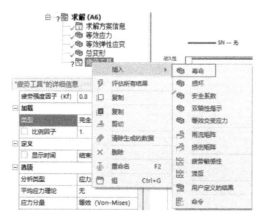

图 14-27　"寿命"命令

Step 04 用同样操作在"疲劳工具"中添加"安全系数""疲劳敏感性"两个节点。

Step 05 右击"疲劳工具"节点，在弹出的快捷菜单中选择"评估所有结果"命令进行求解计算。图 14-28 所示为疲劳寿命云图。图 14-29 所示为安全系数云图。

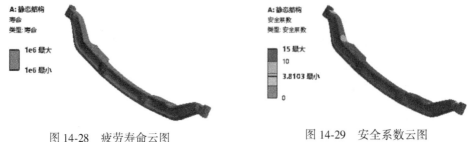

| 图 14-28　疲劳寿命云图 | 图 14-29　安全系数云图 |

14.3.11 保存与退出

Step 01 单击 Mechanical 界面右上角的"关闭"按钮,退出 Mechanical,返回 Workbench 主界面。

Step 02 在 Workbench 主界面中单击"常用"工具栏的"保存"按钮。

Step 03 单击右上角的"关闭"按钮,退出 Workbench 主界面,完成项目分析。

14.4 本章小结

本章通过案例介绍了 Workbench 平台疲劳分析过程。在疲劳分析过程中最重要的是材料关于疲劳的属性设置。

图 14-30 所示为材料属性列表,图 14-31 所示为材料疲劳分析相关曲线。

		A	B	C	D	E
		属性	值	单位		
2		材料场变量	表格			
3		Density	7850	kg m^-3		
4	⊞	Isotropic Secant Coefficient of Thermal Expansion				
6	⊞	Isotropic Elasticity				
12	⊟	Strain-Life Parameters				
13		显示曲线类型	应变寿命			
14		强度系数	9.2E+08	Pa		
15		强度指数	-0.106			
16		延性系数	0.213			
17		延性指数	-0.47			
18		周期性强度系数	1E+09	Pa		
19		周期性应变硬化指数	0.2			
20	⊞	S-N Curve	表格			
24		Tensile Yield Strength	2.5E+08	Pa		
25		Compressive Yield Strength	2.5E+08	Pa		
26		Tensile Ultimate Strength	4.6E+08	Pa		
27		Compressive Ultimate Strength	0	Pa		

图 14-30　疲劳分析属性

在工程中使用疲劳分析时,需要通过试验获得图 14-30 和图 14-31 所示材料数据。本章案例使用软件自带的材料进行了疲劳分析。

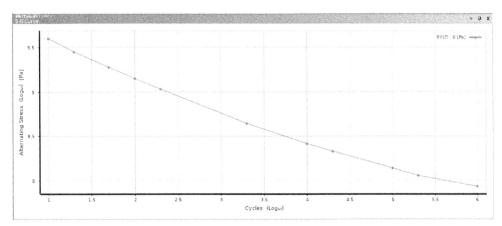

图 14-31　材料疲劳分析相关曲线

第 15 章

热 学 分 析

热是物理场中的一种常见现象，在工程分析中热学包括热传导、热对流和热辐射 3 种基本形式，计算热学在工程应用中至关重要，如在高温作用下的压力容器，如果温度过高会使内部气体膨胀进而导致压力容器爆裂。本章主要介绍 ANSYS Workbench 热学分析，讲解稳态热学计算过程。

学习目标 知识点	了 解	理 解	应 用	实 践
热学的基本概念		√		
3 种热学形式		√		√
稳态热分析设置			√	√
稳态热分析边界条件			√	√
稳态热分析后处理			√	√

15.1　热学分析简介

在石油化工、动力、核能等许多重要行业中，在变温条件下工作的结构和部件通常都存在温度应力问题：在正常工况下存在稳态的温度应力，在启动或关闭过程中还会产生随时间变化的瞬态温度应力。这些应力已经占有相当的比重，甚至成为设计和运行中的控制应力。要计算稳态或者瞬态应力，首先要计算稳态或者瞬态温度场。

15.1.1　热学分析目的

热学分析的目的就是计算模型内的温度分布以及热梯度、热流密度等物理量。热载荷包括热源、热对流、热辐射、热流量和外部温度场等。

15.1.2　热学分析类型

ANSYS Workbench 可以进行两种热分析，即稳态热分析和瞬态热分析。

稳态热分析的一般方程为

$$KI = Q \tag{15-1}$$

式中，K 是传导矩阵，包括热系数、对流系数及辐射系数和形状系数；I 是节点温度向量；Q 是节点热流向量，包含热生成。

15.1.3　基本传热方式

基本传热方式有热传导、热对流及热辐射。

1. 热传导

当物体内部存在温差时，热量会从高温部分传递到低温部分；不同温度的物体相接触时，热量会从高温物体传递到低温物体。这种热量传递的方式叫作热传导。

热传导遵循傅里叶定律：

$$q'' = -k \frac{\mathrm{d}T}{\mathrm{d}x} \tag{15-2}$$

式中，q'' 是热流密度，其单位为 $\mathrm{W/m^2}$；k 是导热系数，其单位为 $\mathrm{W/(m \cdot ℃)}$。

2. 热对流

对流是指温度不同的各个部分流体之间发生相对运动所引起的热量传递方式。高温物体表面附近的空气因受热而膨胀，密度降低而向上流动，密度较大的冷空气将下降替代原来的受热空气而引发对流现象。热对流分为自然对流和强迫对流两种。

热对流满足牛顿冷却方程：

$$q'' = h(T_s - T_b) \tag{15-3}$$

式中，h 是对流换热系数（或称膜系数）；T_s 是固体表面温度；T_b 是周围流体温度。

3. 热辐射

热辐射是指物体发射电磁能并被其他物体吸收转变为热的热量交换过程。与热传导和热对流不同，热辐射不需要任何传热介质。

实际上，真空的热辐射效率最高。同一物体温度不同时的热辐射能力不一样，温度相同的不同物体热辐射能力也不一样。同一温度下，黑色物体的热辐射能力最强。

在工程中通常考虑两个或者多个物体之间的辐射，系统中每个物体同时辐射并吸收热量。它们之间的净热量传递可用斯蒂芬波尔兹曼方程来计算：

$$q = \varepsilon \sigma A_1 F_{12}(T_1^4 - T_2^4) \tag{15-4}$$

式中，q 为热流率；ε 为辐射率（黑度）；σ 为黑体辐射常数，$\sigma \approx 5.67 \times 10^{-8} \mathrm{W/(m^2 \cdot K^4)}$；$A_1$ 为辐射面 1 的面积；F_{12} 为由辐射面 1 到辐射面 2 的形状系数；T_1 为辐射面 1 的绝对温度；T_2 为辐射面 2 的绝对温度。

从热辐射的方程可以得知，如果分析包含热辐射，则分析为高度非线性。

15.2　实例 1：热传导分析

扫码看视频

本节主要介绍 ANSYS Workbench 的稳态热分析模块，计算实体模型的稳态温度分布及热流密度。

学习目标：熟练掌握 ANSYS Workbench 稳态热学分析的方法及过程。

模型文件	网盘 \ Chapter15 \ char15-1 \ model. agdb
结果文件	网盘 \ Chapter15 \ char15-1 \ Conductor. wbpj

15.2.1 问题描述

实体模型如图 15-1 所示，实体一端面是 500℃，另一端面是 22℃，请用 ANSYS Workbench 分析内部的温度场云图。

15.2.2 建立分析项目

Step 01 启动 ANSYS Workbench，进入主界面。

Step 02 双击主界面工具箱中的"组件系统"→"几何结构"选项，即可在项目原理图中创建分析项目 A，如图 15-2 所示。

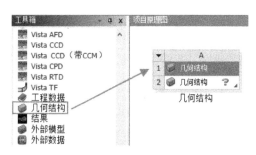

图 15-1　实体模型　　　　　　　　　　　图 15-2　创建分析项目 A

15.2.3 导入几何模型

Step 01 在 A2"几何结构"上右击，在弹出的快捷菜单中选择"导入几何模型"→"浏览"命令，如图 15-3 所示，此时会弹出"打开"对话框。

Step 02 在弹出的"打开"对话框中选择文件路径，导入 model. agdb 几何文件，此时 A2 "几何结构"后的 ❓ 变为 ✔，表示实体模型已经存在。

Step 03 双击项目 A 中的 A2"几何结构"，此时会进入 DesignModeler 界面，如图 15-4 所示。

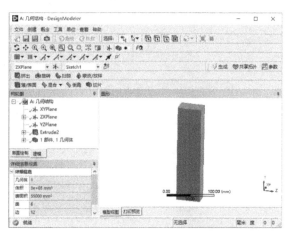

图 15-3　导入几何模型　　　　　　　　　　图 15-4　DesignModeler 界面

Step 04 单击工具栏的"保存"按钮，在弹出的"另存为"对话框的"名称"栏输入 Conductor. wbpj，并单击"保存"按钮。

Step 05 回到 DesignModeler 界面中，单击右上角的"关闭"按钮，退出 DesignModeler，返回 Workbench 主界面。

15.2.4 创建稳态热分析项目

如图 15-5 所示，在 Workbench 主界面将工具箱中的"分析系统"→"稳态热"直接拖到项目 A 的 A2"几何结构"栏，此时在项目 A 的 A2"几何结构"与项目 B 的 B2"几何结构"之间出现一条蓝色的连接线，说明数据在项目 A 与项目 B 之间实现了共享。

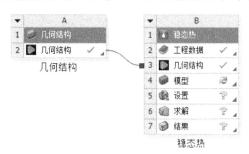

图 15-5　创建稳态热分析项目

15.2.5 添加材料库

Step 01 双击项目 B 中的 B2"工程数据"项，进入图 15-6 所示的材料参数设置界面。

图 15-6　材料参数设置界面 1

Step 02 在图 15-7 所示的"轮廓 原理图 B2：工程数据"表的 A4 栏输入新材料名称 New Material，此时新材料名称前会出现一个 ❓，表示需要在新材料中添加属性。

Step 03 在图 15-8 所示的工具箱中将"热"→Isotropic Thermal Conductivity 直接拖到"属性 大纲栏 4：New Material"表的"属性"栏，此时 Isotropic Thermal Conductivity 选项被添加到

了 New Material 材料的属性中。

图 15-7　材料参数设置界面 2

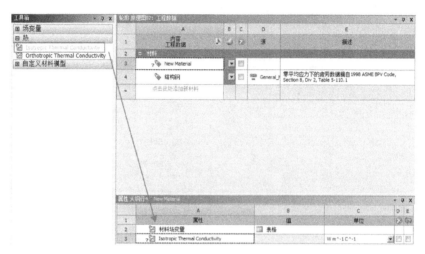

图 15-8　添加材料属性

Step 04 在 B2 中输入 650，单位采用默认即可，如图 15-9 所示，材料属性设置成功。

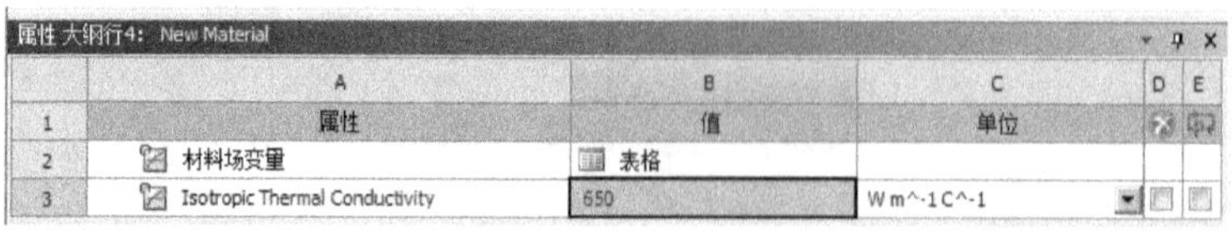

	A	B	C	D E
1	属性	值	单位	
2	材料场变量	表格		
3	Isotropic Thermal Conductivity	650	W m^-1 C^-1	

图 15-9　设置材料属性

Step 05 单击工具栏的"项目"按钮，返回 Workbench 主界面，材料库添加完毕。

15.2.6　添加模型材料属性

Step 01 双击主界面项目管理图项目 B 中的 B3 栏"模型"项，进入图 15-10 所示的 Mechanical 界面，在该界面下即可进行网格划分、分析设置、结果观察等操作。

Step 02 选择 Mechanical 界面左侧的"模型（B4）"→"几何结构"→Solid 节点，此时即可在"Solid"的详细信息面板中给模型添加材料，如图 15-11 所示。

Step 03 单击参数列表中"材料"→"任务"黄色区域后的 ▸ 按钮，此时会出现刚刚设置的材料 New Material，选择后即可将其添加到模型中。其余选项采用默认设置即可。

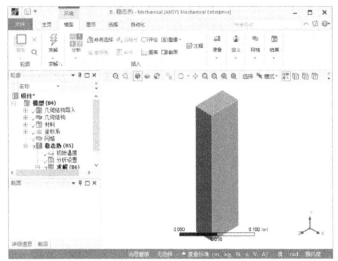

图 15-10　Mechanical 界面　　　　　　　　　　　图 15-11　修改材料属性

15.2.7　划分网格

Step 01 选择 Mechanical 界面左侧的"模型（B4）"→"网格"节点，此时可在"网格"的详细信息面板中修改网格参数，如图 15-12 所示，将"尺寸调整"→"跨度角中心"设置为"精细"，其余采用默认设置。

Step 02 右击"模型（B4）"→"网格"节点，在弹出的快捷菜单中选择 "生成网格"命令，最终的网格效果如图 15-13 所示。

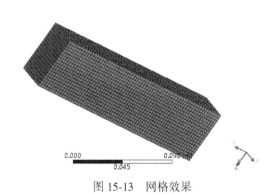

图 15-12　修改网格参数　　　　　　　　图 15-13　网格效果

15.2.8　施加载荷与约束

Step 01 选择 Mechanical 界面左侧的"模型（B4）"→"稳态热（B5）"节点，此时会出现图 15-14 所示的"环境"工具栏。

Step 02 选择"环境"工具栏的"热"→"温度"命令，此时在模型树中会出现"温度"节点，如图 15-15 所示。

图 15-14　"环境"工具栏　　　　　　　　　图 15-15　添加温度

Step 03 如图 15-16 所示，选中"温度"节点，选择实体底面，单击"温度"详细信息面板"几何结构"选项中的"应用"按钮，在"定义"→"大小"中输入 500℃，完成一个热载荷的添加。

Step 04 选择"环境"工具栏的"温度"节点，选中"温度 2"节点，选择实体顶面，单击"温度 2"详细信息面板"几何结构"选项中的"应用"按钮，在"定义"→"大小"中输入 22℃，完成另一个热载荷的添加。

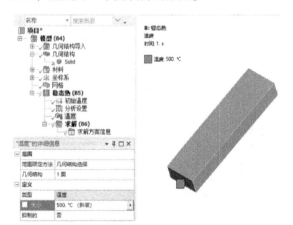

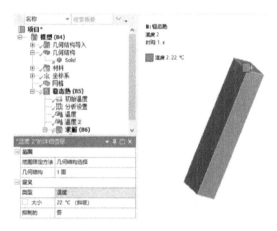

图 15-16　施加热载荷 1　　　　　　　　　图 15-17　施加热载荷 2

15.2.9　结果后处理

Step 01 选择 Mechanical 界面左侧"模型（B4）"中的"求解（B6）"节点，此时会出现图 15-18 所示的"求解"工具栏。

Step 02 选择"求解"工具栏的"热"→"温度"命令，如图 15-19 所示，此时"求解（B6）"下会出现"温度"节点。

图 15-18　"求解"工具栏　　　　　　　　　图 15-19　添加温度结果

Step 03 选择"求解"工具栏的"热"→"总热通量"命令，此时在模型树中会出现"总热通量"选项。

Step 04 右击模型树中的"求解（B6）"节点，在弹出的快捷菜单中选择 ⚡ "求解"命令进行求解。

Step 05 选择模型树中"求解（B6）"下的"温度"节点，温度分布云图如图 15-20 所示。

Step 06 用同样的操作方法查看总热流量，如图 15-21 所示。

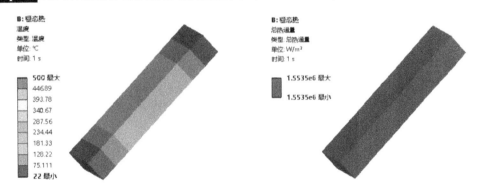

图 15-20　温度分布云图　　　　　　　　　图 15-21　总热通量分布云图

Step 07 在图形区域中单击 Y 轴，使 Y 轴垂直于绘图平面，如图 15-22 所示。

Step 08 单击工具栏的 🔲 截面 图标，然后在图形区域中从右侧向左侧画一条直线，如图 15-23 中所示。

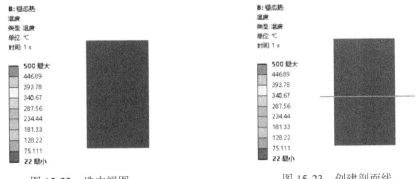

图 15-22　选中视图　　　　　　　　　　图 15-23　创建剖面线

Step 09 旋转模型，图 15-24 所示为温度场在实体内部的温度场分布情况。

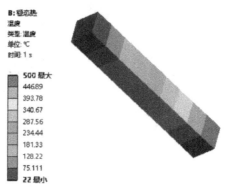

图 15-24　实体内部温度场分布

15.2.10　保存与退出

Step 01 单击 Mechanical 界面右上角的"关闭"按钮，退出 Mechanical，返回 Workbench 主界面。

Step 02 在 Workbench 主界面中单击"常用"工具栏的"保存"按钮，保存包含分析结果的文件。

Step 03 单击右上角的"关闭"按钮，退出 Workbench 主界面，完成项目分析。

扫码看视频

15.3　实例 2：热对流分析

本节主要介绍 ANSYS Workbench 的稳态热分析模块，计算实体模型的稳态温度分布及热流密度。

学习目标：熟练掌握 ANSYS Workbench 稳态热学分析的方法及过程。

模型文件	网盘 \ Chapter15 \ char15-2 \ sanrepian. x_t
结果文件	网盘 \ Chapter15 \ char15-2 \ sanrepian_Thermal. wbpj

15.3.1　问题描述

铝制散热片模型如图 15-25 所示，请用 ANSYS Workbench 确定温度沿散热片的分布。

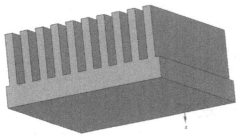

图 15-25　铝制散热片模型

15.3.2　建立分析项目

Step 01 启动 ANSYS Workbench，进入主界面。

Step 02 双击主界面工具箱中的"分析系统"→"几何结构"选项，即可在项目原理图中创建分析项目 A，如图 15-26 所示。

15.3.3　导入几何模型

Step 01 在 A2"几何结构"上右击，在弹出的快捷菜单中选择"导入几何模型"→"浏览"命令，如图 15-27 所示，此时会弹出"打开"对话框。

Step 02 在弹出的"打开"对话框中选择文件路径，导入 sanrepian. x_t 几何文件，此时 A2"几何结构"后的 ? 变为 ✔，表示实体模型已经存在。

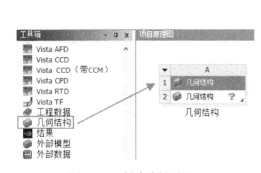

图 15-26　创建分析项目 A　　　　　　图 15-27　导入几何模型

Step 03 双击项目 A 中的 A2"几何结构"，设置单位为 m，单击 OK 按钮，在工具栏单击"生成"按钮，此时会进入 DesignModeler 界面，如图 15-28 所示。

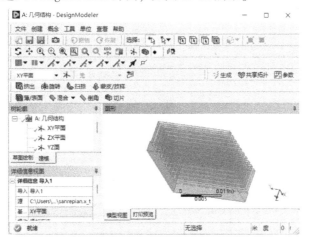

图 15-28　DesignModeler 界面

Step 04 单击工具栏的 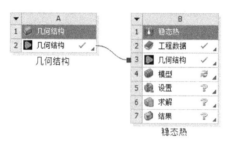 图标，在弹出的"另存为"对话框"名称"栏输入 sanrepian_Thermal，并单击"保存"按钮。

Step 05 回到 DesignModeler 界面中，单击右上角的"关闭"按钮，退出 DesignModeler，返回 Workbench 主界面。

15.3.4　创建稳态热分析项目

Step 01 如图 15-29 所示，将 Workbench 主界面工具箱中的"分析系统"→"稳态热"直接拖到项目 A 的 A2"几何结构"栏，项目 A 的 A2"几何结构"与项目 B 的 B2"几何结构"之间会出现一条蓝色的连接线，说明数据在项目 A 与项目 B 之间实现了共享。

图 15-29　创建项目及共享数据

15.3.5　添加材料库

Step 01 双击项目 B 中的 B2"工程数据"项，进入图 15-30 所示的材料参数设置界面。

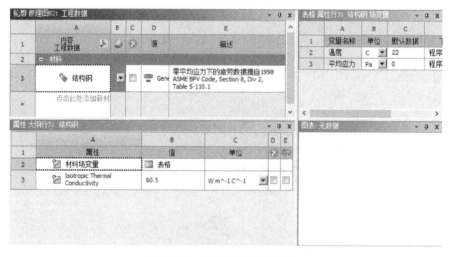

图 15-30　材料参数设置界面 1

Step 02 在图 15-31 所示的"轮廓 原理图 B2：工程数据"表中的 A4 栏输入新材料名称 sanrepian_Material，此时新材料名称前会出现一个 ❓，表示需要在新材料中添加属性。

图 15-31　材料参数设置界面 2

Step 03 在图 15-32 所示的工具箱中将"热"→Isotropic Thermal Conductivity 直接拖到"属性　大纲栏 4：sanrepian_Material"表中的"属性"栏，此时 Isotropic Thermal Conductivity 选项被添加到了 sanrepian_Material 材料的属性中。

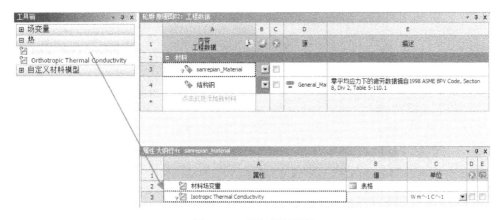

图 15-32　添加材料属性

Step 04 在 B2 中输入 170，单位采用默认即可，如图 15-33 所示，材料属性添加成功。

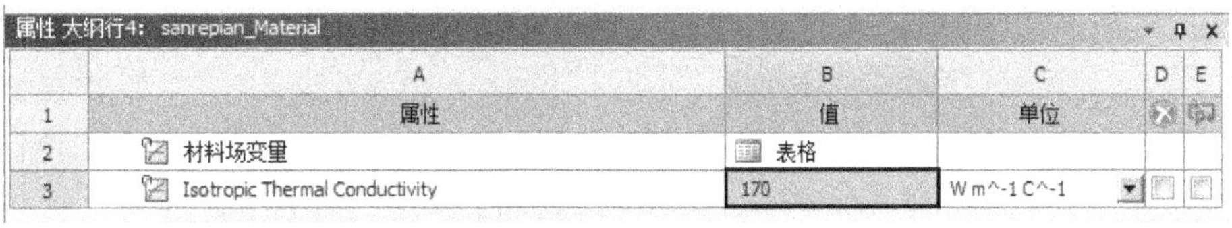

	A	B	C	D	E
	属性 大纲行4: sanrepian_Material				
1	属性	值	单位		
2	📉 材料场变量	🔢 表格			
3	📉 Isotropic Thermal Conductivity	170	W m^-1 C^-1		

图 15-33　设置参数

Step 05 单击工具栏的"项目"按钮，返回 Workbench 主界面，材料库添加完毕。

15.3.6　添加模型材料属性

Step 01 双击主界面项目管理图项目 B 中的 B4 栏"模型"项，进入图 15-34 所示的 Mechanical 界面，在该界面下即可进行网格划分、分析设置、结果观察等操作。

Step 02 选择 Mechanical 界面左侧的"模型（B4）"→"几何结构"→"固体"节点，此时即可在"固体"的详细信息面板中给模型添加材料，如图 15-35 所示。

Step 03 单击参数列表中"材料"下"任务"黄色区域后的 按钮，此时会出现刚刚设置的材料 sanrepian_Material，选择后即可将其添加到模型中。

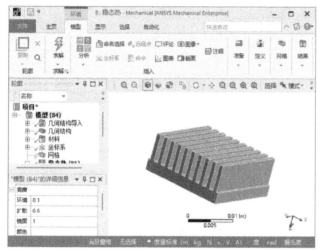

图 15-34　Mechanical 界面　　　　　　　图 15-35　修改材料属性

15.3.7　划分网格

Step 01 选择 Mechanical 界面左侧的"模型（B4）"→"网格"节点，此时可在"网格"的详细信息面板中修改网格参数，如图 15-36 所示，将"尺寸调整"→"跨度角中心"设置为"精细"，其余采用默认设置。

Step 02 右击"模型（B4）"→"网格"节点，在弹出的快捷菜单中选择 "生成网格"命令，划分完成的网格效果如图 15-37 所示。

图 15-36　生成网格　　　　　　　　　图 15-37　网格效果

15.3.8　施加载荷与约束

Step 01 选择 Mechanical 界面左侧"模型（B4）"中的"稳态热（B5）"节点，此时会出现图 15-38 所示的"环境"工具栏。

Step 02 选择"环境"工具栏的"热"→"热流"命令，此时在模型树中会出现"热流"节点，如图 15-39 所示。

图 15-38 "环境"工具栏   图 15-39 添加热流载荷

Step 03 如图 15-40 所示，选中"热流"节点，选择散热器底面，单击"热流"详细信息面板"几何结构"选项中的"应用"按钮，在"定义"→"大小"中输入 40W，完成一个热载荷的添加。

Step 04 选择"环境"工具栏的"对流"命令，此时在模型树中会出现"对流"节点，如图 15-41 所示。

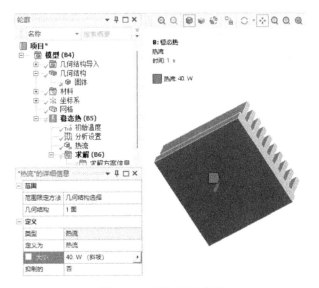

图 15-40 施加热流载荷   图 15-41 施加对流载荷

Step 05 如图 15-42 所示，选中"对流"节点，选择除底面之外的所有面，单击"对流"详细信息面板"几何结构"选项中的"应用"按钮，在"定义"→"薄膜系数"栏输入 40，在"环境温度"栏输入环境温度 20℃，完成一个对流载荷的施加。

注：此处的面为除了热源面以外的所有面。

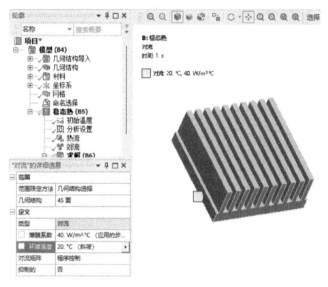

图 15-42　对流面参数设置

15.3.9　结果后处理

Step 01　选择 Mechanical 界面左侧的"模型（B4）"→"稳态热（B5）"→"求解（B6）"选项，此时会出现图 15-43 所示的"求解"工具栏。

Step 02　选择"求解"工具栏的"热"→"温度"命令，如图 15-44 所示，此时在模型树中会出现"温度"节点。

图 15-43　"求解"工具栏

图 15-44　添加温度结果

Step 03　选择"求解"工具栏的"热"→"总热通量"命令，此时在模型树中会出现"总热通量"节点。

Step 04　右击模型树中的"求解（B6）"节点，在弹出的快捷菜单中选择 "求解"命令进行求解。

Step 05 选择模型树中"求解（B6）"下的"温度"节点，温度分布云图如图 15-45 所示。

Step 06 用同样的操作方法查看总热通量，如图 15-46 所示。

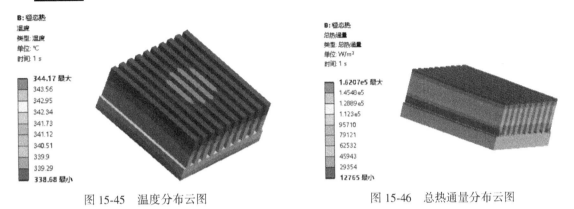

图 15-45　温度分布云图　　　　　　图 15-46　总热通量分布云图

15.3.10　保存与退出

Step 01 单击 Mechanical 界面右上角的"关闭"按钮，退出 Mechanical，返回 Workbench 主界面。

Step 02 在 Workbench 主界面中单击"常用"工具栏的"保存"按钮，保存包含分析结果的文件。

Step 03 单击右上角的"关闭"按钮，退出 Workbench 主界面，完成项目分析。

扫码看视频

15.4　实例 3：热辐射分析

本案例使用 ANSYS Workbench 热分析模块功能进行演示，来学习 Workbench 平台中进行热辐射分析的一般步骤。

学习目标：熟练掌握 ANSYS Workbench 热辐射分析的一般步骤。掌握 ANSYS Workbench 的 APDL 命令插入方法。

模型文件	网盘 \ Chapter15 \ char15-3 \ Geom. x_t
结果文件	网盘 \ Chapter15 \ char15-3 \ radia. wbpj

15.4.1　问题描述

本案例分析顶部面施加热载荷后对几何体的热辐射。

15.4.2　建立分析项目

首先打开 ANSYS Workbench 程序，在项目原理图中建立图 15-47 所示的项目分析流程。

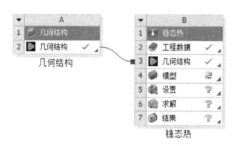

图 15-47　项目分析流程

15.4.3　定义材料参数

Step 01 双击 B2 "工程数据" 栏，首先对模型的材料属性进行定义。

Step 02 在 B2 栏输入材料名称 MINE，在下面的 "属性 大纲行 4：MINE" 中添加 Isotropic Thermal Conductivity 选项，并输入数值 1.7367E-07，单位默认即可，如图 15-48 所示。

属性 大纲行4：MINE				D	E
	A	B	C		
1	属性	值	单位		
2	材料场变量	表格			
3	Isotropic Thermal Conductivity	1.7367E-07	W m^-1 C^-1		

图 15-48　材料属性定义

Step 03 单击工具栏的 "项目" 按钮，返回 Workbench 主界面，材料库添加完毕。

15.4.4　导入几何模型

Step 01 在 A2 "几何结构" 上右击，在弹出的快捷菜单中选择 "导入几何模型" → "浏览" 命令，此时会弹出 "打开" 对话框。

Step 02 在弹出的 "打开" 对话框中选择文件路径，导入 Geom.x_t 文件，此时 A2 "几何结构" 后的 ❓ 变为 ✔，表示实体模型已经存在，导入的模型如图 15-49 所示。

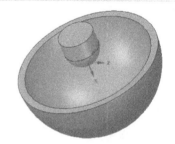

图 15-49　几何模型

15.4.5　划分网格

Step 01 双击主界面项目管理图项目 B 中的 B4 栏 "模型" 项，进入图 15-50 所示的 Mechanical 界面，在该界面下即可进行网格划分、分析设置、结果观察等操作。

Step 02 依次选择 "模型（B4）" → "几何结构" → "固体"（外壳），在 "任务" 栏选择 MINE 材料属性，如图 15-51 所示。

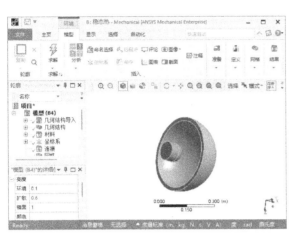

图 15-50　Mechanical 界面

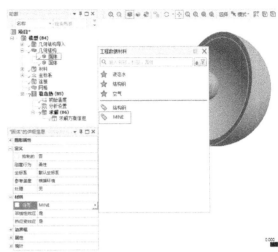

图 15-51　赋予材料属性

Step 03 依次选择"模型（B4）"→"网格"节点，在图 15-52 所示面板中的"单元尺寸"栏输入 5. e-003m。

Step 04 右击"网格"节点，在弹出的快捷菜单中选择"生成网格"命令，划分完的网格如图 15-53 所示。

图 15-52　网格大小

图 15-53　划分网格

Step 05 继续查看"网格"的详细信息，在其最下面的"质量"选项组中可以看出网格质量，如图 15-54 所示。

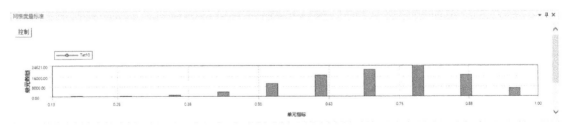

图 15-54　网格质量

Step 06 选择半圆内表面，右击后，在弹出的快捷菜单中选择"创建命名选择"选项，在对话框中输入 SURF1，单击 OK 按钮保存；用同样操作选择小圆柱外表面并命名为 SURF2，如

图 15-55及图 15-56 所示。

图 15-55　边界条件命名 1　　　　　　　图 15-56　边界条件命名 2

Step 07 命名完成后在左侧的模型树中出现图 15-57 所示节点。

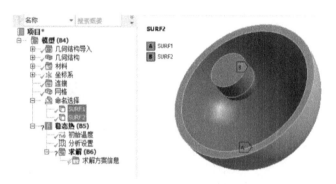

图 15-57　命名后的模型

注意：命名是为了在后面插入"命令"时方便选取面，请读者在完成分析后体会一下本操作的用处。

15.4.6　定义载荷

Step 01 单击"稳态热（B5）"→"温度"节点，在"几何结构"栏保证模型顶面被选中，输入温度大小为 22℃，如图 15-58 所示。

Step 02 定义功率，选择工具栏的"热"→"内部热生成"命令，如图 15-59 所示，选择半圆壳体，在"大小"栏输入 0.5。

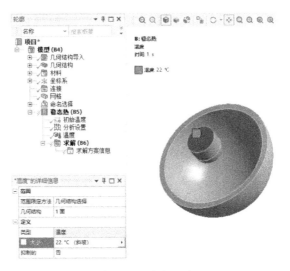

图 15-58   定义温度

Step 03 插入"命令"。这部分是本节的重点内容。右击"稳态热（B5）"节点，在弹出的快捷菜单中依次选择"插入"→"命令"命令，如图 15-60 所示。

图 15-59   "内部热生成"设置   图 15-60   插入"命令"命令

Step 04 在"命令（APDL）"选项中做如下输入，如图 15-61 所示。

图 15-61   输入命令

```
sf, SURF1, rdsf, 0.7, 1
sf, SURF2, rdsf, 0.7, 1
spctemp, 1, 100
stef, 5.67e-8
radopt, 0.9, 1.E-5, 0, 1000, 0.1, 0.9
toff, 273
```

在输入命令前，请确保单位制为国际单位制。

15.4.7 结果后处理

Step 01 选择"求解"工具栏的"热"→"温度"命令，如图 15-62 所示，此时在模型树中会出现"温度"节点。

Step 02 选择"求解"工具栏的"热"→"总热通量"命令，此时在模型树中会出现"总热通量"节点。

Step 03 右击模型树中的"求解（B6）"节点，在弹出的快捷菜单中选择"求解"命令进行求解。

Step 04 选择模型树中"求解（B6）"下的"温度"节点，温度云图如图 15-63 所示。

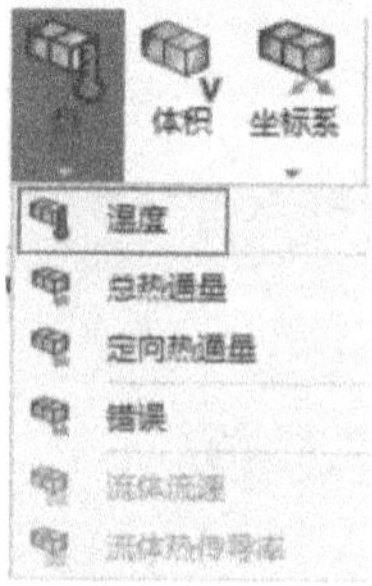

图 15-62 "温度"命令

Step 05 用同样的操作方法查看总热通量，如图 15-64 所示。

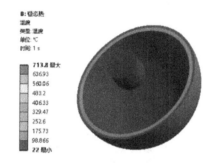

图 15-63 温度云图

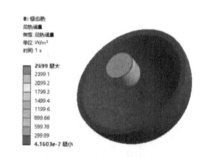

图 15-64 总热通量云图

15.4.8 保存与退出

Step 01 单击 Mechanical 界面右上角的"关闭"按钮，退出 Mechanical，返回 Workbench 主界面。

Step 02 在 Workbench 主界面中单击"保存"按钮，保存包含分析结果的文件。

Step 03 单击右上角的"关闭"按钮，退出 Workbench 主界面，完成项目分析。

热辐射分析在热分析中属于高度非线性分析，在 Workbench 平台中，没有直接的操作进行热辐射分析，需要读者对 APDL 有一定了解。

15.5 本章小结

本章通过典型实例分别介绍了稳态热传递、热对流及热辐射的操作过程，在分析过程中考虑了与周围空气的对流换热边界，在后处理过程中得到了温度分布云图及热流密度分布云图等结果。

第16章

结构优化分析

本章将对 ANSYS Workbench 软件的优化分析模块进行详细讲解，并通过几个典型案例对优化分析的一般步骤进行讲解，包括几何建模（外部几何数据的导入）、材料赋予、网格设置与划分、边界条件的设定和后处理操作。

学习目标 知识点	了　解	理　解	应　用	实　践
优化分析知识		√		
优化分析应用		√		
ANSYS Workbench 优化分析			√	√

16.1　优化分析简介

结构优化是从众多方案中选择最佳方案的技术。一般而言，设计主要有两种形式，即功能设计和优化设计。功能设计强调的是能达到预定的设计要求，但仍能在某些方面进行改进。优化设计是一种寻找最优方案的技术。

16.1.1　优化设计概述

所谓"优化"是指"最大化"或者"最小化"，而"优化设计"指的是一种方案可以满足所有的设计要求，而且需要的支出最小。

优化设计有两种分析方法：①解析法，通过求解微分与极值来求出最小值；②数值法，借助计算机和有限元，通过反复迭代逼近，求解出最小值。由于解析法需要列方程和求解微分方程，对于复杂的问题列方程和求解微分方程都是比较困难的，所以解析法常用于理论研究，工程上很少使用。

随着计算机技术的发展，结构优化算法也取得了更大的发展，根据设计变量类型的不同，已由较低层次的尺寸优化升级到较高层次的结构形状优化，而当前已到达更高层次——拓扑优化，优化算法也由简单的准则法，到数学规划法，进而到遗传算法等。

传统的结构优化设计是由设计者提供几个不同的设计方案，从中挑选出最优方案。这种方法往往建立在设计者的经验基础上，再加上资源、时间的限制，提供的可选方案数量有限，往往不一定是最优方案。

如果想获得最优方案，就要提供更多的设计方案进行比较，这需要大量的资源，单靠人力往往难以做到，只能靠计算机来完成。目前为止，能够做结构优化的软件并不多，ANSYS 软件作为通用的有限元分析工具，除了拥有强大的前、后处理器和求解器外，还有很强大的优化设计功能——既可以做结构尺寸优化，也可以做拓扑优化，其本身提供的算法能满足工程需要。

16.1.2　Workbench 结构优化分析

ANSYS Workbench 平台优化分析工具主要有以下 5 种。

1）直接优化：它是目标优化技术的一种类型，直接通过有限的试验模拟对比结果取得近似最优解。

2）参数相关性：用于得到输入参数的敏感性，也就是说可以得到某一输入参数对相应曲面的影响究竟有多大。

3）响应面：主要用于直观地观察输入参数的影响，通过图表形式能够动态显示输入与输出参数之间的关系。

4）响应面优化：它是目标优化技术的另外一种类型，可以从一组给定的样本（设计点）中得出最佳设计点。

5）六希格玛设计：主要用于评估产品的可靠性，其技术基于 6 个标准误差理论，如假设材料属性、几何尺寸、载荷等不确定性输入变量的概率分布对产品性能（应力、应变等）的影响。

扫码看视频

16.2　实例：响应面优化分析

本节主要介绍 ANSYS Workbench 的响应面优化分析模块，在设计探索中进行 DOE（实验设计）分析流程。

学习目标：熟练掌握 ANSYS Workbench 响应面优化分析的方法及过程。

模型文件	网盘＼Chapter16＼char16-1＼DOE2. agdb
结果文件	网盘＼Chapter16＼char16-1＼DOE2. wbpj

16.2.1　问题描述

几何模型如图 16-1 所示，请用 ANSYS Workbench 平台中的优化分析工具对几何模型进行优化分析。

图 16-1　几何模型

16.2.2　建立分析项目

Step 01 启动 ANSYS Workbench，进入主界面。

Step 02 双击主界面工具箱中的"分析系统"→"静态结构"选项，即可在项目原理图中创建分析项目 A，如图 16-2 所示。

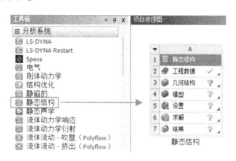

图 16-2　创建分析项目 A

16.2.3　导入几何模型

Step 01 在 A2"几何结构"上右击，在弹出的快捷菜单中选择"导入几何模型"→"浏览"命令，如图 16-3 所示，此时会弹出"打开"对话框。

Step 02 选择文件路径，如图 16-4 所示，选择文件 DOE2. agdb，并单击"打开"按钮。

图 16-3　导入几何模型　　　　　　　　　　　　图 16-4　选择文件

Step 03 双击项目 A 中的 A2"几何结构"，此时会加载 DesignModeler，如图 16-5 所示，在模型中有个参数被设置为参数化。

Step 04 单击 DesignModeler 界面右上角的"关闭"按钮，退出 DesignModeler，返回 Workbench 主界面，此时分析项目如图 16-6 所示，下面出现的参数集可以进行参数化设置。

图 16-5 加载几何模型

图 16-6 分析项目

16.2.4 施加约束

Step 01 双击 A4"模型"进入图 16-7 所示的有限元分析平台，设置边界条件如下。

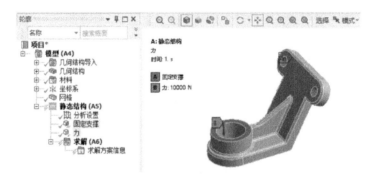

图 16-7 添加边界条件

- 在"环境"工具栏中选择"结构"→"固定的"命令并选择右侧的两个圆孔。

- 选择"力"命令并选择左侧的圆面，Y 方向载荷大小为 10000N，并将 Y 分量上的力设置参数化。

- 在"求解（A6）"中添加"等效应力"及"总变形"两个节点，并分别设置最大应力及最大总应变为参数化，如图 16-8 所示。

Step 02 选择最小安全系数进行后处理，并将最小安全系数及质量设置为参数，如图 16-9 和图 16-10 所示。

Step 03 计算完成后的应力云图及变形云图

图 16-8 添加求解选项

如图 16-11 和图 16-12 所示。

图 16-9　参数化设置 1

图 16-10　参数化设置 2

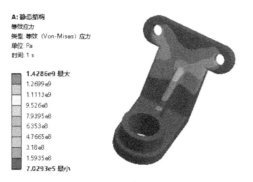

图 16-11　应力云图

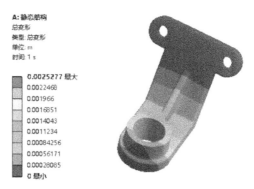

图 16-12　变形云图

Step 04 其安全系数云图如图 16-13 所示。

图 16-13　安全系数云图

Step 05 双击 Workbench 平台中的"参数集"选项，此时弹出图 16-14 所示的输入输出列表框。

Step 06 返回 Workbench 平台。

图 16-14　输入输出列表框

16.2.5　实验设计

Step 01 双击"设计探索"→"响应面优化"选项，如图 16-15 所示。

图 16-15　添加响应面优化项目

Step 02 双击项目 B 中的 B2"实验设计"，进入参数列表（见图 16-16），确定输入输出。

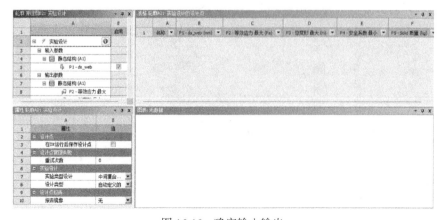

图 16-16　确定输入输出

Step 03 单击 P1-ds_web 栏，在下面出现的表格中，"下界"栏输入 60，"上限"栏输入 80。单击"P6-力 Y 分量"栏，在下面出现的表格中，"下界"栏输入 -11000，"上限"栏输入 -9000，如图 16-17 所示。

图 16-17　输入限值

Step 04 单击 Workbench 平台工具栏的"预览"命令，生成图 16-18 所示的设计点。

1	A 名称	B P1-ds_web (mm)	C P6-力Y分量(N)	D P2-等效应力最大(Pa)	E P3-总变形最大(m)	F P4-安全系数最小	G P5-Solid质量(kg)
2	1 DP	70	-10000	1.4286E+09	0.0025277	0.175	2.6304
3	2	60	-10000				
4	3	80	-10000				
5	4	70	-11000				
6	5	70	-9000				
7	6	60	-11000	1.6097E+09	0.0030314	0.15531	2.6112
8	7	80	-11000				
9	8	60	-9000				
10	9	80	-9000				

图 16-18　生成设计点 1

Step 05 单击工具栏的"更新"命令，进行计算。计算完成后设计点结果如图 16-19 所示。

1	A 名称	B P1-ds_web (mm)	C P6-力Y分量(N)	D P2-等效应力最大(Pa)	E P3-总变形最大(m)	F P4-安全系数最小	G P5-Solid质量(kg)
2	1 DP	70	-10000	1.4286E+09	0.0025277	0.175	2.6304
3	2	60	-10000	1.4633E+09	0.0027558	0.17084	2.6112
4	3	80	-10000	1.425E+09	0.0023065	0.17544	2.6483
5	4	70	-11000	1.5714E+09	0.0027804	0.15909	2.6304
6	5	70	-9000	1.2857E+09	0.0022749	0.19445	2.6304
7	6	60	-11000	1.6097E+09	0.0030314	0.15531	2.6112
8	7	80	-11000	1.5675E+09	0.0025372	0.15949	2.6483
9	8	60	-9000	1.317E+09	0.0024802	0.18982	2.6112
10	9	80	-9000	1.2825E+09	0.0020759	0.19493	2.6483

图 16-19　设计点结果 1

Step 06 选择"实验设计"选项，在下面出现的图 16-20 所示"属性 轮廓：实验设计"表中进行如下设置。

图 16-20 "实验设计"属性设置

- 在"实验类型设计"栏选择"中间复合材料设计"选项。
- 在"设计类型"栏选择"面心的"选项。
- 在"模板类型"栏选择"增强"选项。

Step 07 单击工具栏的"预览"命令，当前设计点如图 16-21 所示。

	A	B	C	D	E	F	G
1	名称	P1 - ds_web (mm)	P6 - 力 Y分量 (N)	P2 - 等效应力 最大 (Pa)	P3 - 总变形 最大 (m)	P4 - 安全系数 最小	P5 - Solid 质量 (kg)
2	1 DP	70	-10000	1.4286E+09	0.0025277	0.175	2.6304
3	2	60	-10000	1.4633E+09	0.0027558	0.17084	2.6112
4	3	65	-10000	✐	✐	✐	✐
5	4	80	-10000	1.425E+09	0.0023065	0.17544	2.6483
6	5	75	-10000	✐	✐	✐	✐
7	6	70	-11000	1.5714E+09	0.0027804	0.15909	2.6304
8	7	70	-10500	✐	✐	✐	✐
9	8	70	-9000	1.2857E+09	0.0022749	0.19445	2.6304
10	9	70	-9500	✐	✐	✐	✐
11	10	60	-11000	1.6097E+09	0.0030314	0.15531	2.6112
12	11	65	-10500	✐	✐	✐	✐
13	12	80	-11000	1.5675E+09	0.0025372	0.15949	2.6483
14	13	75	-10500	✐	✐	✐	✐
15	14	60	-9000	1.317E+09	0.0024802	0.18982	2.6112
16	15	65	-9500	✐	✐	✐	✐
17	16	80	-9000	1.2825E+09	0.0020759	0.19493	2.6483
18	17	75	-9500	✐	✐	✐	✐

图 16-21 生成设计点 2

Step 08 单击工具栏的"更新"命令，进行计算。计算完成后的设计点结果如图 16-22 所示。

	A	B	C	D	E	F	G
1	名称	P1 - ds_web (mm)	P6 - 力 Y 分量 (N)	P2 - 等效应力 最大 (Pa)	P3 - 总变形 最大 (m)	P4 - 安全系数 最小	P5 - Solid 质量 (kg)
2	1 DP	70	-10000	1.4286E+09	0.0025277	0.175	2.6304
3	2	60	-10000	1.4633E+09	0.0027558	0.17084	2.6112
4	3	65	-10000	1.2632E+09	0.0026397	0.19792	2.621
5	4	80	-10000	1.425E+09	0.0023065	0.17544	2.6483
6	5	75	-10000	1.337E+09	0.002414	0.18699	2.6395
7	6	70	-11000	1.5714E+09	0.0027804	0.15909	2.6304
8	7	70	-10500	1.5E+09	0.0026541	0.16667	2.6304
9	8	70	-9000	1.2857E+09	0.0022749	0.19445	2.6304
10	9	70	-9500	1.3571E+09	0.0024013	0.18421	2.6304
11	10	60	-11000	1.6097E+09	0.0030314	0.15531	2.6112
12	11	65	-10500	1.3263E+09	0.0027716	0.18849	2.621
13	12	80	-11000	1.5675E+09	0.0025372	0.15949	2.6483
14	13	75	-11000	1.4038E+09	0.0025347	0.17809	2.6395
15	14	60	-9000	1.317E+09	0.0024802	0.18982	2.6112
16	15	65	-9500	1.2E+09	0.0025077	0.20833	2.621
17	16	80	-9000	1.2825E+09	0.0020759	0.19493	2.6483
18	17	75	-9500	1.2701E+09	0.0022933	0.19683	2.6395

图 16-22　设计点结果 2

16.2.6　响应面优化

Step 01 右击项目 B 的 B3 "响应面"栏，在弹出的快捷菜单中选择"更新"命令，此时进入设计点处理界面。

Step 02 在"轮廓 原理图 B3：响应面"表中选择"响应"栏。在下面出现的"属性 轮廓 A22：响应"表中进行如下操作。

- 在"X 轴"栏选择"P6-力 Y 分量"选项。
- 在"Y 轴"栏选择"P3-总变形 最大"选项。

此时右下角显示出前面载荷和变形的关系曲线，如图 16-23 所示。

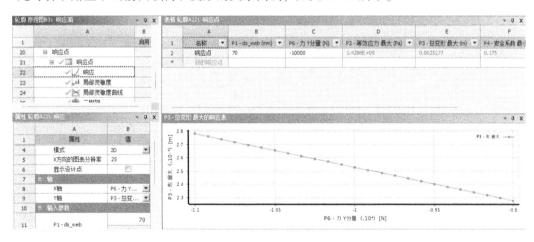

图 16-23　载荷与变形的关系曲线

Step 03 再次选择"响应"选项，在下面的"属性　轮廓：响应"表中进行如下操作。
- 在"模式"栏选择 3D。
- 在"X 轴"栏选择"P6-力 Y 分量"选项。

- 在"Y 轴"栏选择 P1-ds_web 选项。
- 在"Z 轴"栏选择"P3-总变形"选项。

此时将显示图 16-24 右侧所示的三维关系曲面。

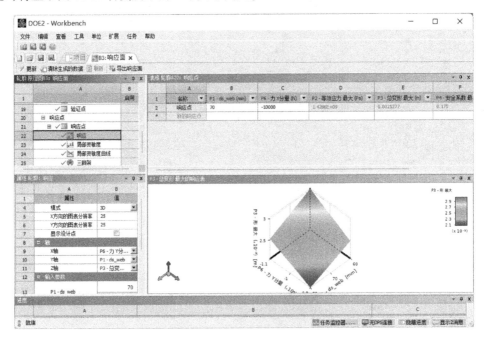

图 16-24 三维关系曲面 1

Step 04 选择 Goodness Of Fit 栏，属性表取值保持默认，此时将显示图 16-25 右侧所示的拟合曲线与离散数据点。

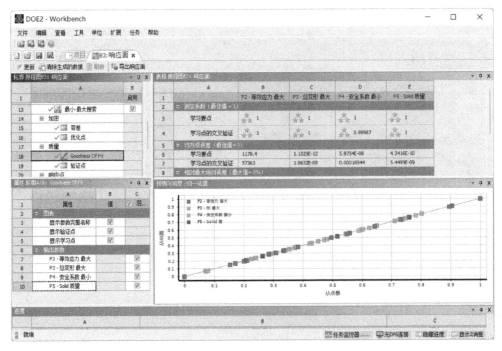

图 16-25 拟合曲线与离散数据点

Step 05 选择"响应面"选项，在"属性 轮廓 A2：响应面"表中的"响应面类型"栏选择 Kriging 选项，单击工具栏的"更新"命令，如图 16-26 所示。

Step 06 选择"响应"选项，在下面的对话框中进行如下操作。

- 在"模式"栏选择 3D。
- 在"X 轴"栏选择"P6-力 Y 分量"选项。
- 在"Y 轴"栏选择 P1-ds_web 选项。
- 在"Z 轴"栏选择"P3-总变形 最大"选项。

此时将显示图 16-27 右侧所示的三维关系曲面。

图 16-26 "响应面"属性设置

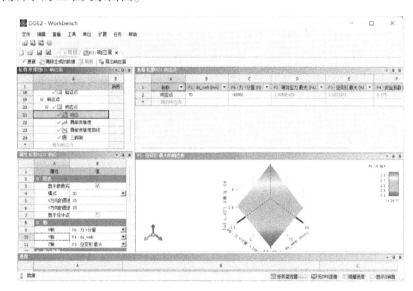

图 16-27 三维关系曲面 2

Step 07 单击"局部灵敏度"选项，显示图 16-28 所示的柱状图。

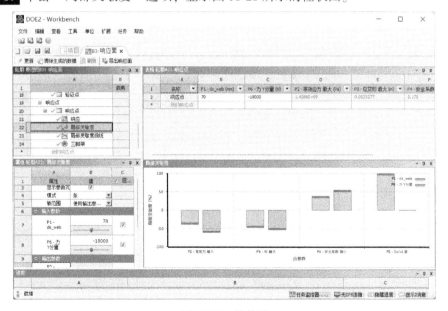

图 16-28 柱状图

Step 08 返回项目管理图，双击 B4 "优化" 栏，在出现的图 16-29 所示表中进行如下设置。选择 "优化" 选项。在 "属性 轮廓 A2：优化" 中进行如下设置。

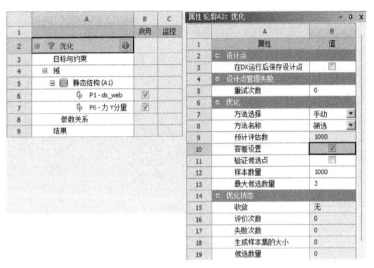

图 16-29　设置参数

- 在 "方法选择" 中选择 "手动"，"方法名称" 栏选择 "筛选" 选项。
- 在 "样本数量" 栏输入 1000。

Step 09 单击 "目标与约束" 选项，在右侧出现的图 16-30 所示表中进行如下设置。

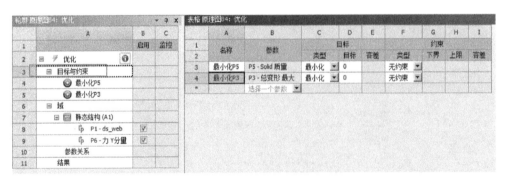

图 16-30　设置 "目标与约束" 选项

- 在 "参数" 栏选择 "P5-Solid 质量" 选项，在 "类型" 栏选择 "最小化" 选项。
- 插入一行，在 "参数" 栏选择 "P3-总变形 最大" 选项，在 "类型" 栏选择 "最小化" 选项。此时在 "目标与约束" 选项下面将出现 "最小化 P5" 和 "最小化 P3" 两个选项。

Step 10 单击工具栏的 "更新" 选项，计算完成后的结果如图 16-31 所示。

Step 11 单击 "结果" → "候选点" 选项，此时右侧将出现图 16-32 所示的基于目标优化的 3 个候选方案。

Step 12 单击 "权衡" 选项，此时将出现图 16-33 所示的质量与应力关系点状图。

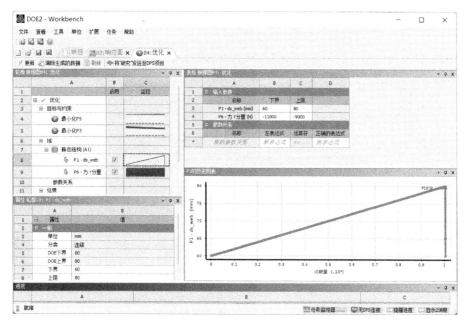

图 16-31　图表

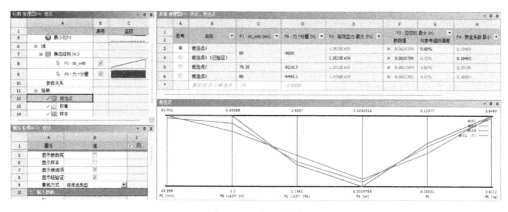

图 16-32　候选方案

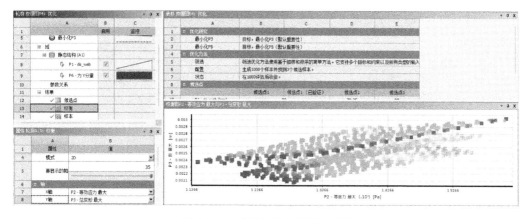

图 16-33　质量与应力关系点状图

Step 13 单击"样本"选项，此时将出现图 16-34 所示的质量与应力关系曲线，从图 16-33
和图 16-34 可以看出，增加质量就会降低应力分布。

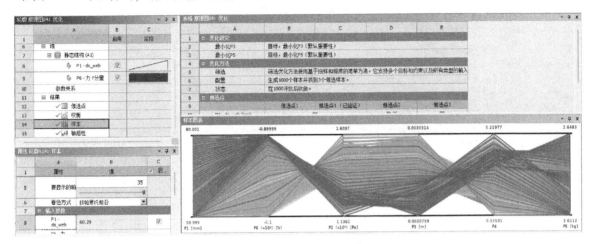

图 16-34 质量与应力关系曲线

Step 14 如图 16-35 所示，右击"候选点 2"栏，在弹出的快捷菜单中选择"按设计点更新
进行验证"选项。

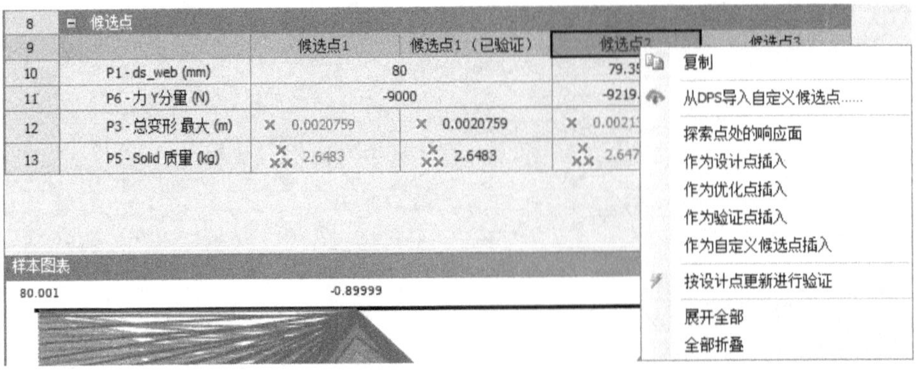

图 16-35 快捷菜单 1

Step 15 如图 16-36 所示，此时能看到获选方案 2 在总体优化方案中的位置。

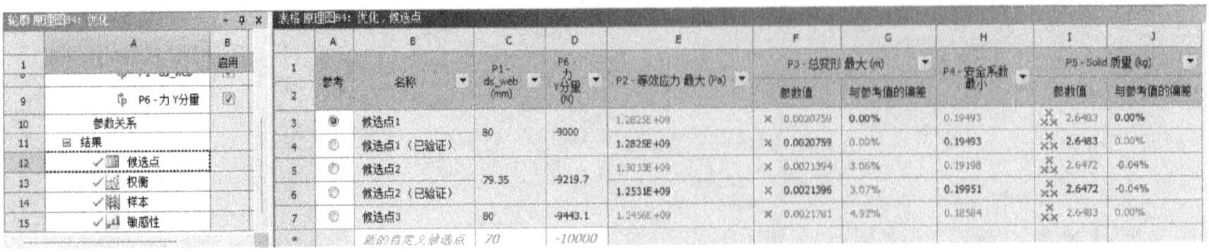

图 16-36 得到获选方案

Step 16 如图 16-37 所示，右击"候选点 2"选项，在弹出的快捷菜单中选择"作为设计点
插入"选项，返回 Workbench 平台，双击"参数集"选项，进入图 16-38 所示的表格中。

图 16-37　快捷菜单 2

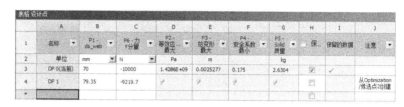

图 16-38　创建设计点

Step 17 如图 16-39 所示，右击 DP1 栏，在弹出的快捷菜单中选择"将输入复制到当前位置"选项，此时创建了一个新的当前选项，右击新的当前选项，在弹出的快捷菜单中选择"更新选定的设计点"选项，进行计算。

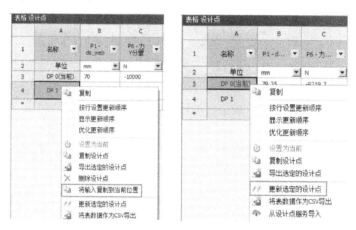

图 16-39　选择快捷命令进行计算

Step 18 计算完成后的当前设计点结果如图 16-40 所示。

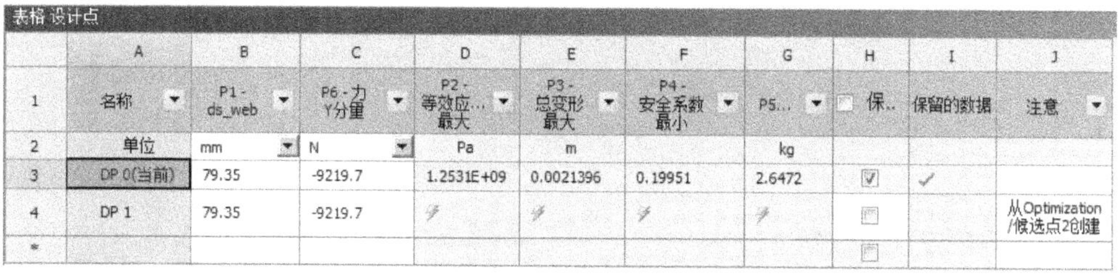

	A	B	C	D	E	F	G	H	I	J
1	名称	P1 - ds_web	P6 - 力 Y分量	P2 - 等效应力 最大	P3 - 总变形 最大	P4 - 安全系数 最小	P5...	保...	保留的数据	注意
2	单位	mm	N	Pa	m		kg			
3	DP 0(当前)	79.35	-9219.7	1.2531E+09	0.0021396	0.19951	2.6472	☑	✓	
4	DP 1	79.35	-9219.7					☐		从Optimization /候选点2创建
*								☐		

图 16-40　当前设计点结果

Step 19 返回 Workbench 平台，双击项目 B 中的 B7 "结果"栏，进入 Mechanical 界面，单击"等效应力"和"总变形"节点，等效应力和总变形云图如图 16-41 所示。

Step 20 选择安全系数计算命令，显示安全系数云图，如图 16-42 所示。

Step 21 单击 Mechanical 界面右上角的"关闭"按钮，退出 Mechanical，返回 Workbench 主界面。

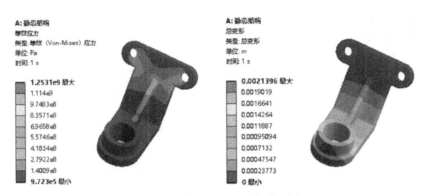

图 16-41　等效应力和总变形云图

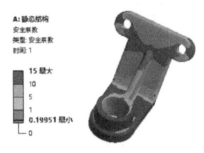

图 16-42　安全系数云图

Step 22 在 Workbench 主界面中单击"保存"按钮，文件名为 DOE2. wbpj。

Step 23 单击右上角的"关闭"按钮，完成项目分析。

16.3　本章小结

　　本章详细介绍了 ANSYS Workbench 软件内置的优化分析功能，包括几何导入、网格划分、边界条件设定和后处理等操作，同时还讲解了响应曲面优化设置及处理方法。